Wie kam das »wirkliche Böse« in die Welt? Ist der Mensch von Natur aus »böse«? Ist das »wirkliche Gute« erst ein Produkt der menschlichen Natur, und entstammt das »Böse« unseren naturhaften Trieben? Oder ist es umgekehrt: Wurzelt das »Gute« eher in unseren natürlichen Antrieben, und ist das »Böse« erst ein Produkt der menschlichen Zivilisation? Für die eine wie für die andere Antwort haben im Laufe der Geschichte sowohl Philosophen als auch Biologen immer wieder gestritten.

Gegen die Antwort von Konrad Lorenz, daß das »sogenannte Böse«, der natürliche Aggressionstrieb, der vom großen Geschehen der Evolution zum Guten bestimmt sei, beim Menschen unter den Lebensbedingungen der Zivilisation verhängnisvoll aus dem Gleis geraten sei, zeigt Christian Vogel, daß die Natur moralisch absolut indifferent ist. Seinem biogenetischen Erbe und dem die Evolution antreibenden Grundprinzip des Eigennutzes, in dem auch die stammesgeschichtliche Natur des Menschen verwurzelt ist, hat der Mensch in einer enormen Kulturleistung das freie und verantwortliche Bewußtsein vom »wirklichen Bösen« und vom »wirklichen Guten«, den beiden extremen, aber unlösbar miteinander verbundenen Polen unserer Existenz, erst abringen müssen. Die Komplementarität von Mord, Tötungslust, Folter und kriegerischer Massenvernichtung einerseits und Erbarmen, Brüderlichkeit, Menschenliebe und Hilfe andererseits ist das dem Menschen auferlegte Schicksal, dessen moralische Meisterung beständig einer widerstrebenden Natur abgetrotzt werden muß.

Christian Vogel, geboren 1933 in Berlin, ist Direktor des Instituts für Anthropologie an der Universität Göttingen. Neben einem umfangreichen Werk zur Primatenforschung und Humanbiologie hat er zahlreiche Aufsätze zur Evolutionstheorie und zu den anthropologischen Bedingungen der Ethik veröffentlicht.

Christian Vogel

Vom Töten zum Mord

Das wirklich Böse in der Evolutionsgeschichte

Carl Hanser Verlag

ISBN 3-446-15295-4

Umschlag: Klaus Detjen unter Verwendung
einer Photographie von Volker Sommer
Satz: FoCoTex Klaus Nowak, Berg
Druck und Bindung: Ludwig Auer GmbH, Donauwörth
Printed in Germany

Inhalt

Einführung

Vernunft (Rationalität), Sittlichkeit (Ethik) und der Sinn für das Schöne (Ästhetik) gelten nach allgemeiner Übereinkunft als die Trias der einmaligen und bewundernswerten Eigenschaften, die den Menschen, die »Krone der Schöpfung«, aus dem Gewimmel der zahllosen anderen Organismen so strahlend herausheben. Sie sind die Charakteristika der einzigartigen Sonderstellung des Menschen im Kosmos, sie kennzeichnen das »Ebenbild Gottes«.

»Wo Licht ist, fällt auch Schatten«, sagt der Volksmund. Notwendigerweise hat die strahlende Medaille auch eine dunkle Kehrseite. Die Komplementarität von »gut« und »böse«, von Tugend und Unmoral, von Unschuld und Schuld, von Wohltat und Verbrechen, sie holt uns beständig ein. Nur wer moralisch handeln kann, ist auch in der Lage, unmoralisch zu handeln und umgekehrt. Mord, Blutrache, Folter und kriegerische Massenvernichtung liegen in der gleichen Dimension wie Erbarmen, Verzeihen, Selbstaufopferung im Dienste Hilfsbedürftiger und universale Brüderlichkeit: diese moralische Dimension des Handelns und Bewertens ist spezifisch menschlich. »How can we speak of human ›nobility‹, ›special dignity‹, and ›divinity‹ without considering human holocausts, rapes, murders, racism, child abuse, chauvinism, impaling, and belligerence ...«, schreibt Joseph Lopreato[1], und Wilhelm Busch fing diese Komplementarität in den amüsant-hintersinnigen Vers ein: »Das Gute, dieser Satz steht fest, / ist stets das Böse, das man läßt!«[2] (Ob er wohl auch die Umkehrung hätte gelten lassen?)

Die »Schattenseite«, das »Böse« und insbesondere seine destruktivste Form, das Töten, werden Gegenstand dieses Buches sein, denn es kann keinem Zweifel unterliegen, daß »Mord, Totschlag, Folter und Genozid die Kulturgeschichte des Menschen markieren.«[3] Und da wir dieses Problem unter evolutionsbiologischer Perspektive angehen und deshalb auch nichtmenschliche Organismen mit einbeziehen, ergeben sich zunächst Grundsatzfragen.

Zum einen: Was ist »böse«? Und: Nach welchen Kriterien bewerten wir eine Handlung als unmoralisch? Können wir das unabhängig davon tun, ob das Subjekt ein Mensch oder ein nichtmenschlicher Organismus ist?

Ist es schon unmoralisch, wenn jemand zum eigenen Vorteil einem anderen Schaden zufügt, ohne sich dessen bewußt zu sein, oder erst, wenn er sich dessen bewußt ist? Oder erst dann, wenn jemand einem anderen Schaden zufügt, ohne daraus selbst einen ersichtlichen Nutzen ziehen zu können? Oder kann die Schädigung eines anderen überhaupt erst dann als unmoralisch bewertet werden, wenn der »Täter« das Leid des anderen innerlich nachvollziehen kann? Ab welcher Stufe dieser Skala bleibt allein der Mensch als Bewertungsobjekt übrig? Ganz gewiß spätestens bei der rein sadistischen Schaulust, wie sie z. B. der römische Philosoph Seneca in seinem *Siebenten Brief an Lucilius* beschreibt:

»Zufällig geriet ich des Mittags in das Theater, Scherze erwartend und witzige Einfälle und irgendeine Erheiterung, wobei der Menschen Augen von Menschenblut ausruhen möchten. Ich fand das Gegenteil; alles vorangegangene Kämpfen war Barmherzigkeit gewesen. Keine ergötzlichen Künste mehr – reines Gemetzel ist es jetzt; sie haben nichts, um sich zu decken; mit dem ganzen Körper dem Streiche bloßgestellt, führen sie keinen Hieb umsonst. Dergleichen sehen die meisten lieber als die ordentlichen Paare kunstmäßiger Fechter, und wie sollten sie nicht? Hier wehrt kein Helm, kein Schild den Stahl ab. Wozu denn Schutzwehren? Wozu Fechterkünste? Alles dergleichen hält den Tod nur auf ... Das Ende für alle Kämpfenden muß der Tod sein; mit Feuer und Schwert geht man zu Werke. Und so treibt man's, bis der Kampfplatz leer ist. – ›Aber dieser hat einen Straßenraub begangen.‹ Nun, so hatte er verdient, gehängt zu werden. ›Jener hat einen Menschen ermordet.‹ Wer mordete, verdient, das gleiche zu erleiden. *Aber was hast du verdient, Elender, dieses mit anzusehen?*«[4]

Reine Lust am Foltern und Töten, Mord als Vergnügen – es besteht kein Zweifel, daß dies menschentypisch und menschenspezifisch ist, bei keinem Tier hat man je ähnliches beobachtet, auch wenn wir (ironischerweise) von »bestialisch« und »unmenschlich« sprechen. Bei den anderen Stufen auf der Skala des Bösen freilich wird man genauer hinschauen müssen.

Zum zweiten: Wie kam das »wirklich Böse« in die Welt? Ist der Mensch von Natur aus »böse«? Ist das »wirklich Gute« erst ein Produkt menschlicher Kultur, und entstammt das »Böse« unseren naturhaften Trieben? Oder ist es umgekehrt: Wurzelt das

»Gute« eher in unseren natürlichen Antrieben, und ist das »wirklich Böse« erst ein Produkt der menschlichen Zivilisation? Für die eine wie für die andere Antwort haben im Laufe der Geschichte sowohl Philosophen als auch Biologen immer wieder gestritten.

So schien es z.B. für Thomas Hobbes im 17. Jahrhundert eindeutig klar, »daß die Natur die Menschen so ungesellig gemacht und sogar einen zu des anderen Mörder bestimmt habe«.[5] Der naturgegebene innere Drang des Menschen nach »jeder Art der Macht stimmt den Menschen zum Streit, zur Feindschaft und zum Kriege; denn dadurch, daß man seine Mitbewerber tötet, überwindet und auf jede mögliche Art schwächt, bahnt sich der andere Mitbewerber den Weg zur Erreichung seiner eigenen Wünsche«. Hieraus ergibt sich zwangsläufig »ein Krieg aller gegen alle« *(»homo homini lupus«)*, und ein Leben in diesem »Naturzustand« wäre in der Tat »armselig, abscheulich, brutal und kurz«. Erst über einen »sozialen Vertrag« wäre die böse Natur des Menschen zu bändigen.

Genau anders sah Jean-Jacques Rousseau im 18. Jahrhundert die Verhältnisse. »Der Mensch ist nämlich« – von Natur – »ausgestattet mit einem angeborenen Widerwillen, seinesgleichen leiden zu sehen.« – Wie anders lasen wir das bei Seneca! – »Vor allem aber meint Herr Hobbes, daß der Mensch in seinem Naturzustand von bösen Leidenschaften getrieben wird, während ich der Ansicht bin, daß diese erst der Gesellschaft entspringen. Der wilde Mensch, sage ich, war gut.«[6]

Eine biologisch fundierte Neuauflage und folgenreiche Dramatisierung erfuhr dieser Streit durch Charles Darwins 1859 veröffentlichtes evolutionsbiologisches Konzept vom *»Kampf ums Dasein« (»struggle for existence«),* der die gesamte Entwicklung des Lebendigen und damit die Natur schlechthin charakterisiere.[7]

»Als Darwin mit seiner Theorie des ›Kampfes ums Dasein‹ hervortrat und den Kampf als Hauptantrieb der fortschrittlichen Entwicklung darstellte«, – so schrieb 1904 der revolutionäre Sozialist und Darwin-Anhänger Peter Kropotkin –, »erhob er dadurch aufs neue die alte Frage nach dem sittlichen oder unsittlichen Charakter der Natur … die Darwinisten stellten die Natur als ein ungeheures Schlachtfeld dar, auf dem die Vernichtung der Schwachen durch die Stärkeren, Gewandteren, Listigsten zu sehen sei. Daraus war zu folgern, daß der Mensch von der Natur nur das Böse lernen konnte.«[8] Dagegen aber – so führte Kropotkin schon 1902 in seinem bekannten Buch *Mutual Aid. A Factor of Evolution* aus – habe Darwin selbst ebenso deutlich herausgestellt, daß das soziale Leben der Tiere und des naturhaften Menschen (des sog. »Wilden«) auch von Kooperation, gegenseitiger Hilfeleistung, ja Selbstaufopferung gekennzeichnet sei. »Das ist es, was die Natur uns lehrt, und das ist es, was alle Tiere, die die höchste Stufe in ihren Klassen erreicht haben, getan haben. Das ist es auch, was der Mensch – der primitivste Mensch – getan hat; und darum hat der Mensch die Stufe erreicht, auf der wir jetzt stehen.«[9] Und dann wieder 1904: »Auf diese Weise wird es klar, daß uns die Natur nicht nur keine Lehre des Amoralismus, d.h. des gleichgültigen Verhaltens zur Moral, gibt, mit dem irgendein naturfremdes Prinzip zu kämpfen hätte, um es zu besiegen, sondern daß wir genötigt sind, einzugestehen, daß die Begriffe des Guten und Bösen und unsere Rückschlüsse auf das ›höchste Gute‹ dem Leben der Natur entlehnt sind.«[10]

Der von Kropotkin als »Darwinist« gescholtene Thomas Henry Huxley dagegen hatte bereits 1888 in seiner Streitschrift *The Struggle for Existence in Human Society* das strikte Gegenteil behauptet: »Eine der wesentlichsten Bedingungen, wenn nicht sogar die Hauptursache des Daseinskampfes, ist die Tendenz, sich grenzenlos zu vermehren, die der Mensch mit allen Lebewesen teilt.« »Unvermeidliches Ergebnis des Gehorsams« gegenüber diesem »natürlichen Gebot« sei die unverkennbare Tatsache, daß sich die »Härte des Daseinskampfes und des Krieges« entgegen den ständigen Bemühungen sittlicher Instanzen menschlicher Gesellschaften immer wieder unversehens einstellte. So ergäbe sich zwangsläufig, »daß der Weg, den der sittliche Mensch, das Gesellschaftsmitglied oder der Bürger gestaltet, notwendigerweise dem zuwiderläuft, welchen der nichtsittliche (also der natürliche) Mensch, der ursprüngliche Wilde, oder der Mensch als bloßes Glied des Tierreiches einzuschlagen die Tendenz hat. Letzterer ficht den Daseinskampf bis zum herben Ende aus wie jedes andere Tier.« So sei es eindeutig klar, daß »die einzige Lehre, die der Mensch aus der Natur schöpfen kann, die Lehre vom Bösen« ist.[11]

Besitzt der Mensch von Natur aus einen moralischen Wesenskern, der erst durch ein »Übermaß« an Intellekt und sozialem Machtstreben verstellt oder durch eine die Natur des Menschen »degenerierende« Zivilisation verbildet wurde, wie viele »Kulturpessimisten« und eine Reihe von Biologen um die Jahrhundertwende und in der ersten Hälfte unseres Jahrhunderts annahmen? Oder ist das »Natürlich-Triebhafte« das eigentlich Böse in uns, von dem im Streben nach wahrer Humanität uns endgültig abzukehren unsere basale ethische Verpflichtung sei? Ist Natur überhaupt mit moralischen Maßstäben zu messen, oder ist Natur weder »gut« noch »böse«, ist sie moralisch indifferent, so daß wir aus ihr eben prinzipiell keine moralischen Prinzipien oder Normen ableiten können?

Die moralische Indifferenz der Natur hatte z.B. Friedrich Nietzsche 1885 in seinem Werk *Jenseits von Gut und Böse* mit rhetorischem Pathos mahnend den »Stoikern« vorgehalten: »›Gemäß der Natur‹ wollt ihr leben? O ihr edlen Stoiker, welche Betrügerei der Worte! Denkt euch ein Wesen, wie es die Natur ist, verschwenderisch ohne Maß, gleichgültig ohne Maß, ohne Absichten und Rücksichten, ohne Erbarmen und Gerechtigkeit, fruchtbar und öde und ungewiß zugleich, denkt euch die Indifferenz selbst als Macht – wie könntet ihr gemäß dieser Indifferenz leben? Leben – ist das nicht gerade ein Anders-sein-wollen, als diese Natur ist?«[12]

Die Kontroversen reichen bis in die Gegenwart hinein. Für Konrad Lorenz z.B. ist das »sogenannte Böse«, der »natürliche Aggressionstrieb«, »vom großen Geschehen des organischen Werdens zum Guten bestimmt«, doch sei der »Aggressionstrieb« des Menschen »unter den Lebensbedingungen der Zivilisation sehr gründlich ›aus dem Gleise geraten‹«.[13] Schon 1950 schrieb Lorenz: »Unser Urahne war vor seiner eigentlichen ›Menschwerdung‹ zuallermindest ebenso ›gut‹ wie ein Wolf oder Schimpanse, der Kindern und Weibchen nichts tut und gegen einen äußeren Feind selbst den eifersüchtig bekämpften männlichen Sozietätsgenossen ohne Zögern unter Einsetzung seines Lebens verteidigt. Ich möchte das Bibelwort paraphrasieren und sagen: Der Mensch ist nicht böse von Jugend auf, aber knapp gut genug für die Anforderungen, die von der Urhorde an sein soziales Verhalten gestellt wurden, von deren wenigen Individuen jedes einzelne alle anderen persönlich kannte und auf seine Weise auch ›liebte‹. Er ist nur nicht gut genug für die Anforderungen der gewaltig vermehrten, anonymen Gemeinschaft späterer Kulturepochen, die von ihm verlangt, er müsse sich zu jedem, ihm völlig unbekannten Mitmenschen ebenso verhalten, als sei es sein persönlicher Freund.«[14] Für einen großen Teil der »Verfallserscheinungen im Verhalten der Menschen« machte Konrad Lorenz – in Übereinstimmung übrigens mit dem Anthropologen Eugen Fischer – die zivilisationsbedingte »Domestikation« des Menschen verantwortlich: »Wer nur einigermaßen den Blick für dererlei Dinge hat und unsere Art unvoreingenommen erst mit wildlebenden Wesen und dann mit unseren Haustieren vergleicht, der kann keinen Augenblick daran zweifeln, daß der Mensch ein ›domestiziertes‹ Wesen sei.«[15] Lorenz hob immer wieder hervor, »wie unglaublich weitgehend die ... domestikationsbedingten Veränderungen der angeborenen Aktions- und Reaktionsnormen der Haustiere bestimmten Verfallserscheinungen im Verhalten des Menschen, und zwar insbesondere des zivilisierten Menschen parallel gehen«.[16] Und er war auch der Auffassung, »daß zwischen unserem ethischen Wertempfinden und den domestikationsbedingten Veränderungen des Verhaltens« eine Korrelation in dem Sinne besteht, daß »die als ethisch hochwertig empfundenen Verhaltensweisen gerade jene sind, die durch typische domestikationsbedingte Ausfälle geschädigt werden, während die als ›schlecht‹ und minderwertig beurteilten stets solche sind, die infolge der Domestikation zur Hypertrophie neigen«.[17] »Es bedeutet eine eigenartige Selbstironie des Menschen, daß wir gerade jene Maßlosigkeit ganz bestimmter Triebe als ›viehisch‹ bezeichnen, die nur beim Menschen und einigen seiner Haustiere in eben dieser Weise vorkommt! Alle jene Seher und Religionsgründer, die gegen die ›Sinneslust‹ als solche eiferten, haben intuitiv die verderbliche Rolle dieser Trieb-Hypertrophien ganz richtig erkannt. Neben den Trieb-Hypertrophien sind es vor allem bestimmte Auswirkungen der« – ebenfalls »domestikationsbedingten« – »Erweiterung und des Selektivitäts-Verlustes mancher angeborenen auslösenden Mechanismen, die unser negatives ethisches Wertempfinden hervorrufen.«[18]

Eine ganz andere Sichtweise vertritt Hans Mohr in seinem Buch *Natur und Moral*: »Das Böse in der vormenschlichen Evolution ist ›Das sogenannte Böse‹ (K. Lorenz); es entzieht sich moralischen Kategorien. ›Das eigentlich Böse‹ beginnt mit dem Menschen, der in Freiheit und Verantwortung (im teleologischen Denken und Handeln) gegen Normen verstoßen kann. Das eigentlich Böse, die Sünde, entsteht aus der Diskrepanz von Sein und Sollen, die es in den vor-freiheitlichen Phasen der Evolution nicht gegeben hat. Der Löwe, der die Gazelle schlägt, sündigt nicht; der moderne Jäger, der aus Lust am Töten die Gazelle erschießt, begeht eine Sünde – jedenfalls nach dem Normenkodex, den ich für richtig halte. Leiden und Sterben in der prähumanen Evolution sind konstitutive wertneutrale Faktoren der Evolution; vom Menschen verursachtes Leiden und Sterben ist unter keinen Umständen mehr wertneutral, sondern muß sittlich verantwortet werden; auch dann, wenn wir guten Grund haben, unsere Neigung zum Töten, Quälen und Foltern auf unsere Gene zurückzuführen. Die Gene, die wir im Pleistozän erworben haben, bilden kein Alibi für Barbarei, nicht einmal einen Anlaß für mildernde Umstände.«[19]

Die Kontroversen um die Art der Beziehung von Moral und Evolution haben viele Facetten. Sagt die eine Seite, wahre Sittlichkeit erweise sich erst in der Überwindung natürlicher Neigungen, in der Bekämpfung des sog. »inneren Schweinehundes«, so halten andere dagegen, daß das, was wir »Moral« nennen, unseren natürlichen Neigungen eher entgegenkommt. Sie fragen, ob denn der Mensch von Natur aus so »falsch« konstruiert sein kann, daß er, um richtig und gut zu handeln, ständig gegen seine angeborenen Veranlagungen ankämpfen müsse. Mit theologischer Begründung ließe sich gewiß das Gegenteil behaupten: »Die Theologie lehrt, daß Gott die Natur geschaffen und gut geschaffen hat«, so formulierte das z.B. Wolfgang Wickler in seinem Buch *Sind wir Sünder?* und folgerte: »Nimmt man an, daß der Schöpfer die vernunftlosen Geschöpfe durch Naturgesetze auf das von ihm gesteckte Ziel hinordnete, dann ist im Bereich der vernunftlosen Geschöpfe ›natürlich‹ und ›gut‹ gleichzusetzen. Wenn daraus überhaupt etwas für den vernunftbegabten Menschen abzusehen sein soll, dann dies: daß ›böse handeln‹ gleichbedeutend ist mit ›wider die (menschliche) Natur handeln‹!«[20]

Auch das in der breiten Öffentlichkeit propagierte Konzept der biologischen Stammesgeschichte läßt die Evolution als einen einseitig gerichteten, »automatisch« progressiven Entwicklungsprozeß vom »Niederen« zum »Höheren«, vom »Einfachen« zum »Komplizierten«, vom »Undifferenzierten« zum »Differenzierten«, vom »Primitiven« zum »Evolvierten«, vom »Ursprünglichen« zum »Abgeleiteten« und damit wohl auch vom »Vormoralischen« zum »Moralischen«, kurz, als eine generelle Entwicklung zum »Besseren« erscheinen. Darwin selbst hat aus dieser Gesamtvorstellung noch seinen Optimismus hinsichtlich der moralischen Weiterentwicklung der Menschheit abgeleitet.[21]

In der Tat, eine verwirrende Vielfalt und Widersprüchlichkeit der Meinungen!

In den nachfolgenden Kapiteln möchte ich meine – hier zunächst abstrakt angedeuteten – Thesen erläutern und mit lebendigen, empirischen Inhalten füllen:

Das »wirkliche Böse« – wie das »wirkliche Gute« – entspringt der Natur des Menschen, es ist die zwangsläufige Folge und Begleiterscheinung jener biologischen Evolutionsschritte, welche die erforderlichen Eigenschaften der Kulturfähigkeit des Menschen hervorgebracht und damit seine kulturelle Geschichte begründet haben. Das »Böse« ist dabei seit Anbeginn die verschwisterte Gegenseite des »Guten«.

Spiegelbildlich zum »Guten« setzt sich auch das »Böse« aus zwei »Elementen« zusammen: aus einem, das wir tief aus unserer vormenschlichen stammesgeschichtlichen Vergangenheit mitgebracht haben – Konrad Lorenz nannte es das »sogenannte Böse«[22] –, und einem zweiten, das erst die spezifische Hominiden-Evolution hervorbringen konnte. Und erst über diese zweite Komponente gewinnt auch die erste beim Menschen – nachträglich gewissermaßen – überhaupt eine moralische Dimension, die der ersten im ganzen prähumanen Organismenreich fehlt. Erst über die zweite Stufe konnte auch das »sogenannte Böse« im Menschen zum »wirklichen Bösen« werden, und dieses wiederum hebt den Menschen ebenso einzigartig aus dem übrigen Organismenreich heraus wie Sprache und Kultur, wie die Vernunft und der Sinn für das »Gute und Schöne«, also jene Charakteristika, mit denen wir gerne unser Bild vom Menschen, des »Wunders und des Ruhmes des Universums« (Darwin)[23], schmücken.

Ich hoffe, daß es mir gelingen wird, überzeugend darzustellen, wie tiefgreifend unsere unter den Bedingungen der »natürlichen Selektion« entstandene eigene »Natur« unser Verhalten nach wie vor beeinflußt und bis in die »moralischen Norm-Systeme« hinein mitgeformt hat.

Um das alles verstehen zu können, bedarf es zunächst einiger Grundkenntnisse über die Wirkmechanismen und die für unsere Thematik wichtigen Resultate der »natürlichen Selektion«.

1
Natürliche Selektion und das Prinzip Eigennutz

Selbstlosigkeit gehört zu den vorbildlichen Charaktereigenschaften. Selbstaufopferung im Dienste der Gemeinschaft gilt als eine der moralisch am höchsten gewerteten Tugenden. »Gemeinwohl geht vor Eigennutz«: ein Grundsatz, den alle »völkischen« und staatstragenden Ideologien auf ihre Fahnen geschrieben haben. Schon Cicero formulierte: *Salus populi suprema lex esto*[1], und Thomas von Aquin strebte nach dem *bonum commune*, das er auf Gott hin ausgerichtet sah.[2] »Diderot und Rousseau bezogen die *›volonté générale‹* auf das *›bien commun‹*, das sie beide, als politische Rationalisten der Neuzeit, in der Seele des Staates enthalten sahen und das sie durch Erziehung auch in die Seele des einzelnen senken wollten.«[3] Klassische Beispiele für dieses vorbildliche Streben wurden und werden aus der Natur zitiert, allen voran – seit der Antike – immer wieder die »Staatswesen« der Bienen und Ameisen mit ihren so vollkommen uneigennützigen »Bürgern«. »Das gesamte Verhalten jedes einzelnen Tieres entspricht ganz und gar der Norm des uneigennützigen Daseins für das Staatswesen und damit für alle anderen Angehörigen des Volkes«, so schreibt Bernhard Hassenstein unter Hinweis auf die Arbeiten des Nobelpreisträgers Karl von Frisch.[4] Ohne gemeinnützigen Altruismus kein funktionierendes Sozialleben, auf das wir doch existentiell angewiesen sind. Die klassische Ethologie deutscher Tradition hat diese Denkart stets gestützt, ihre evolutionsbiologischen Vorstellungen lieferten ein scheinbar tragfähiges wissenschaftliches Fundament.

Der Streit zwischen dieser »klassischen«, vor allem durch Konrad Lorenz geprägten »Vergleichenden Verhaltensforschung« (Ethologie) und der jüngeren, im angelsächsischen Bereich entwickelten »Soziobiologie« geht im Kern um die Frage, ob »artdienlicher Gemeinnutz« (klassische Ethologie) oder »selbstbezogener Eigennutz« (Soziobiologie) die Motive und Motoren der Entwicklung eines kooperativen und schließlich »altruistischen«

Verhaltens in der Evolution gewesen sind und somit auch den »natürlichen« Kristallisationskern entsprechender moralischer Verhaltensnormen des Menschen gebildet haben.

Die Soziobiologen verfechten strikt die Ansicht, daß nur »genetischer Eigennutz« via »natürliche Selektion« entstanden sein kann und daß somit auch der biologische Kern unserer praktizierten Moralen von Anbeginn an nur »genetischer Eigennutz« gewesen sei; Kooperation und jede Form von »Altruismus« sozial lebender Organismen habe sich letztlich aus dem – auch den mathematischen Spieltheoretikern vertrauten – Prinzip: »Der wahre Egoist kooperiert!« entwickelt.[5]

Die »klassische« Ethologie hingegen betrachtet eine biologische Spezies und in Erweiterung oft auch eine soziale Organisation, einen Staat oder einen »Volkskörper« als eine Art überindividuellen, selbstregulativen Organismus auf höherer Komplexitätsebene. Innerhalb dieses übergeordneten Organismus bilden ihr zufolge die Individuen gewissermaßen den Zellen analoge Untereinheiten und die funktionell arbeitsteiligen Substrukturen (z.B. Familien, Zünfte, Kasten, Berufsgruppen usw.) den Organen eines Körpers analoge Untereinheiten. Ihr »Ziel«, Sinn und Zweck ist analog die Erhaltung und das Wohl des Körpers bzw. des übergeordneten sozialen Gemeinwesens. »Gemeinwohl geht vor Eigennutz« ist demnach die genetisch programmierte Maxime, nach der die Individuen letztlich leben.

Wer hat recht in dieser im Hinblick auf die moralische »Natur des Menschen« so folgenreichen Auseinandersetzung? Spätestens seit Darwin wird darüber gestritten, wer die ihren Nutzen maximierenden »Subjekte« im Evolutionsspiel sind: die Individuen, die Arten, Populationen, Sozietäten oder nur die »Keimbahnen« (im Sinne August Weismanns) oder die »Gene«? Die in den letzten Jahren wieder so intensiv diskutierte Frage, ob es neben der allgemein akzeptierten »Individualselektion« auch so etwas wie eine »Gruppenselektion« gebe, spiegelt diese Unsicherheit wider.

Für Konrad Lorenz war es klar, daß neben den Individuen auch noch komplexere, eigenständig agierende »Subjekte« im Evolutionstheater auftreten: »Jeder lebende Organismus, das Individuum sowohl als die Art, ist ein System, das aus sehr verschiedenen Teilen oder Gliedern besteht und in dem jedes dieser

Glieder mit jedem anderen in einem wechselseitigen Verhältnis ursächlicher Beeinflussung steht. Diese Wechselwirkung ist regulativ in dem Sinne, daß das System sich selbst erhält und nach Störungen dem vorherigen Gleichgewichtszustande wieder zustrebt.«[6] Die Spezies also auch ein homöostatischer, sich selbst erhaltender Organismus höherer Ordnung. Von dieser Position aus wird es – wie Konrad Lorenz[7] es ausdrückte – geradezu ein biologischer »Gemeinplatz«, von »arterhaltender Zweckmäßigkeit« zu sprechen, die das Evolutionsgeschehen leitet: adaptiv (angepaßt) ist, was der Arterhaltung dient bzw. nützt; maladaptiv dagegen ist, was der Arterhaltung schadet, so lautet die Konsequenz. Die gleiche Argumentation wird, je nach Bedarf, auch auf die als relativ geschlossen vorgestellten systematischen Untereinheiten der Spezies, so auf Subspezies oder Rassen, vor allem aber auf soziale Einheiten wie Stämme, Völker, Staaten, Klassen usw. angewendet. Adaptiv ist, was der sozialen Gemeinschaft nützt: Natürliche Selektion wird immer solches Verhalten belohnen, das der Art- bzw. Sozietätserhaltung dient, dagegen wird sie zwangsläufig allem entgegenarbeiten, was diesen übergeordneten Einheiten schadet.

Auch unsere Moral hat sich nach allgemeinem Konsens am Gemeinwohl zu orientieren. Unsere Ethik zielt also – nach dem eben vorgestellten Konzept der »klassischen« Ethologie – letztlich in die gleiche Richtung, welche auch die natürliche Selektion im Evolutionsprozeß sozial lebender Organismen einhält: Gemeinwohl geht vor Eigennutz! Wir wünschen uns »eine am Überleben und damit an der Erhaltung der evolutiven Potenz orientierte Ethik«, so schreibt Irenäus Eibl-Eibesfeldt, und: »Als Gruppenwesen muß der Mensch dabei das allgemeine Wohl der Gruppe im Auge behalten.«[8] Die moralischen Sollwerte werden also – *nach dem Vorbild der natürlichen Selektion* – an übergeordneten Gruppeninteressen orientiert. Ich glaube, Donald Campbell hat diese Einstellung mit Recht als »normativen Biologismus« bezeichnet.[9]

Eine zentrale Stelle in dieser Diskussion nimmt Konrad Lorenz' Konzept des *»moral-analogen Verhaltens«* ein. In seiner berühmt gewordenen Arbeit *Moral-analoges Verhalten geselliger Tiere* aus dem Jahre 1954[10] betonte er die in seinen Augen analoge Funktion vieler instinktiver Antriebe und Hemmungen bei

Tieren zur »rationalverantwortlichen Moral« des Menschen und sprach daher Tieren »moral-analoges Verhalten« zu. Er meinte darüber hinaus, daß manches, was wir gern unserer »rationalen Moral« zuschreiben, in Wahrheit tief in unserem biologisch erworbenen Instinktrepertoire verankert sei. »Die Gleichheit der Funktionen, die soziale Triebe und Hemmungen mit den Leistungen verantwortlicher Moral verbindet, macht es uns oft schwer zu unterscheiden, ob der Imperativ, der uns zu bestimmten Handlungen treibt, aus den tiefsten vormenschlichen Schichten unserer Person oder den Überlegungen unserer höchsten Ratio stammt. Da uns allen von Jugend an eingebleut ist, die letzteren sehr hoch und die ersteren sehr gering einzuschätzen, neigen wir dazu, für Auswirkungen der Vernunft zu halten, was häufig nur einem gesunden Instinktmechanismus entspricht.«[11] Derart »gesunde Instinktmechanismen« seien via natürliche Selektion hervorgebrachte, genetisch fundierte »stammesgeschichtliche Anpassungen«, und solche biologischen Anpassungen bestimmten unser moralisches Verhalten wesentlich mit. Man wird nicht übersehen können, daß allein schon die terminologische Verbindung von »angepaßt« bzw. »adaptiv« und »gesund« die Gefahr in sich birgt, den gleitenden Übergang zu moralischen Wertnormen bzw. Werturteilen wie »gut«, »richtig« und »erstrebenswert« noch weiter zu verwischen.

Diese Gefahr wird zudem dadurch erheblich verstärkt, daß Vertreter dieser »klassischen« Auffassung der Vergleichenden Verhaltensforschung den adaptiven Zustand mit dem *typologischen Konzept* von »normal« verbinden. »Normal« sind ebenjene Verhaltensweisen, »die sich unter dem Auslesedruck ihrer *arterhaltenden Leistung* in eben dieser und keiner anderen Form herausgebildet haben«, so definiert Lorenz und fährt fort: »Keinesfalls aber verstehen wir unter dem Normalen den aus allen beobachteten Einzelfällen errechneten Durchschnitt, sondern vielmehr den vom Artwandel durchkonstruierten *Typus*, der sich aus begreiflichen Gründen selten oder nie wirklich rein verwirklicht findet. ... Menschen, die mit guter Fähigkeit zur Gestaltwahrnehmung begabt sind, *sehen* den *Idealtypus* einer Struktur oder eines Verhaltens unmittelbar ...«[12] Kein Wunder, daß für Konrad Lorenz beispielsweise jene regelmäßig in sonst monogamen Gänsepopulationen auftretenden »untreuen« Ganter eher

»akzidentelle kleine Unvollkommenheiten« darstellten (vgl. den schönen Ausspruch der Lorenz-Mitarbeiterin Helga Fischer: »Gänse sind schließlich auch nur Menschen!«) und daß sie nicht als Individuen gesehen wurden, die ihr Verhalten im Eigeninteresse durchaus »adaptiv« und erfolgreich an das Verhalten der Mehrzahl ihrer Sozialgefährten angepaßt haben. Der *»Idealtypus«* wird zur *»Idealnorm«*, er gewinnt »normative« Funktion: »Wir wissen ja um die ideale Norm, gemessen an der Angepaßtheit«, so schreibt Eibl-Eibesfeldt, und: »für die Normfindung ist die Orientierung am Überlebenswert wichtig«.[13]

»Moral-analoges Verhalten« bei Tieren zeigt sich nach Konrad Lorenz[14] in verschiedenen Formen der »Loyalität« gegenüber Gruppengenossen (z.B. in der Bereitschaft eines Ranghohen zur tätigen und bisweilen risikoreichen Unterstützung eines rangniederen Gruppengenossen und in der den Unterlegenen schonenden »Regeleinhaltung« des ritualisierten »Kommentkampfes« durch den Sieger), in der Bereitschaft, gemeinschaftsdienliche, zugleich aber riskante Aufgaben zu übernehmen (z.B. die warnenden »Wächter«-Funktionen), in der »Achtung« des Futter- oder Sexualpartner-»Besitzes« eines »Kumpans« und nicht zuletzt in der von Lorenz entdeckten »natürlichen Tötungshemmung« gegenüber Artgenossen, die nur der Mensch als sich selbst »domestiziert« habendes »Zivilisationswesen« weitgehend eingebüßt habe.[15]

Wenn unter den natürlichen Bedingungen der Selektion »artdienliches« Verhalten grundsätzlich »adaptiv«, »normal«, »gesund« und somit auch »richtig« und »gut« ist, dann wird man natürlich jede Form von »artschädigendem« und in Erweiterung auch jede Form von »gruppen-« oder »volksschädigendem« Verhalten als »maladaptiv«, als »abnorm«, »deviant«, »ungesund« und somit wohl auch als »falsch« und »böse« interpretieren. Gruppengenossen, die sich so »abnorm« verhalten, können kaum als Gruppenmitglieder weiter geduldet werden, sie »verdienen« den Ausschluß. So behauptet z.B. Eibl-Eibesfeldt: »Im Tierreich werden diejenigen, die sich nicht an die artspezifischen Regeln des Turnierkampfes halten, ohne Hemmung beschädigend angegriffen, als stünden sie außerhalb der Art.«[16] Hier gewinnen die im Tierreich angeblich verwirklichten, den übergeordneten Gruppen- bzw. Art-»Interessen« dienenden »Verhaltensregeln« normative Funktion und geradezu moralischen Vorbildcharakter für den Menschen!

Die ideologische Brisanz dieser Denkrichtung liegt auf der Hand. Denn wenn die biogenetische Evolution »moral-analoges«, also »altruistisches Verhalten im Dienste der Arterhaltung« via natürliche Selektion entstehen läßt und fördert, dann erzeugt und stützt die Natur prinzipiell auch im Menschen nichteigennütziges, »moralisches« Verhalten, und wenn dieses der Spezies *Homo sapiens* insgesamt, den Völkern, Sozietäten und Gruppen Vorteile verschafft, so wird echtes selbstloses, also tugendhaftes Verhalten in der Tat von Natur aus geradezu automatisch produziert, befestigt und ausgebaut. Wenn das so ist, dann muß man wohl auch annehmen, daß erst das »künstliche«, kulturbedingte Ausscheren des »Zivilisationsmenschen« aus den natürlichen Verhältnissen diese »gesunden« Mechanismen außer Kraft gesetzt hat und damit die »natürliche Moral« zusammenbrechen ließ, ein Verfall, dem dann die »rationale Moral« des Menschen wieder entgegenarbeiten muß. Diese Gedanken sind tatsächlich von Konrad Lorenz und vielen seiner Anhänger entwickelt und ausgebaut worden.[17]

Das alles erweckt nachhaltig den Eindruck, als ginge in der Natur grundsätzlich »Gemeinnutz vor Eigennutz«. Unter diesen Umständen wäre es wohl in der Tat nicht schädlich, sich die Natur zum Vorbild zu nehmen, sie als »moralische Lehranstalt« für uns Menschen zu deklarieren. Und viele politische Demagogen und totalitäre Systeme wären sicher froh darüber, wenn ihr Propagandaslogan: »Du bist nichts, dein Volk ist alles!« nicht als naturfern, sondern vielmehr als vollkommen im Einklang mit unserer Natur zu gelten hätte.

Ein weiterer Gesichtspunkt verdient hier Beachtung. Wenn es sich um jeweils genetisch programmierte artspezifische Mechanismen handelt, die derart »moral-analoges« Verhalten im Dienste der »Arterhaltung« hervorbringen, dann müßten sie egalitär für alle Artgenossen gelten; sie dürften also nicht unterscheiden zwischen solchen Artgenossen, denen gegenüber man sich entsprechend altruistisch verhalten sollte, und solchen, gegenüber denen das nicht angebracht ist. Alle Artgenossen gehorchen dem gleichen Gesetz, das Prinzip der Egalität wäre innerartlich weitgehend garantiert. Viele Ethologen meinen in der Tat, daß erst der Mensch dieses Prinzip durchbrochen habe: Im Verlauf seiner frühen Kulturentwicklung sei aus dem angeborenen, gegenüber allen Artgenossen gleichermaßen geltenden »Gebot«: »Du sollst nicht töten« die differenzierende »moralische Regel« geworden: »Du sollst keine Gruppengenossen töten, aber das Töten von Fremden ist erlaubt, zumindest unter bestimmten Voraussetzungen: denn nur wir selbst sind wirklich Menschen, die anderen sehen nur so aus!« So formulierte Paul Leyhausen die seit Menschengedenken weltweit geübte Praxis und sah in ihr ein Kulturprodukt, das den natürlichen Zustand verlassen habe.[18] Entsprechend hoffte er, daß der »natürliche«, der biologisch »adaptive«, also der »arterhaltende« Zustand einer nicht diskriminierenden »Tötungshemmung« gegenüber allen unseren Artgenossen in nicht allzu ferner Zukunft über unsere Vernunft wiederhergestellt werden könne! Auch hier wird der vermeintliche Naturzustand des »moral-analogen Verhaltens im Dienste der Arterhaltung« dargestellt als ein erstrebenswertes Ziel menschlicher Ethik. Die »natürliche Moral« sei eine zutiefst »uneigennützige«, »gemeinschaftsdienliche« Moral. »Die allgemeine Meinung und selbst die mancher Geisteswissenschaftler«, so schreibt Lorenz, »geht dahin, daß alle menschlichen Verhaltensweisen, die nicht dem Wohle des Individuums, sondern der Gemeinschaft dienen, von der vernunftmäßigen Verantwortung diktiert werden. Diese Meinung ist nachweislich falsch.«[19] Die natürliche Selektion und die menschliche »Verantwortungs«-Ethik hätten also letztlich das gleiche »Ziel«: die Optimierung gemeinschaftsdienlichen Verhaltens!

Genau diese Vorstellung von einer natürlichen art- und gemeinschaftsdienlichen Selbstlosigkeit ist durch die moderne Evolutionsbiologie des sozialen Verhaltens – auch *»Soziobiologie«* genannt – mit zwingenden Argumenten und guten empirischen Belegen aus den Angeln gehoben worden.

Widerlegt worden ist die These, daß biologische Arten, Populationen oder Sozietäten autonome, sich selbst regulierende und damit homöostatische Systeme seien, welche die Reproduktion ihrer Einzelelemente, der Individuen, mit strenger Hand im Dienst der übergeordneten Einheit steuern. So verlockend diese Interpretation auf den ersten Blick auch erscheinen mag, es führt kein Weg an der Einsicht vorbei, daß die Entstehung solcher überindividueller, autonom und im Eigeninteresse sich selbst regulierender Systeme mit dem Darwinschen Konzept der natürlichen Selektion nicht ohne erhebliche Zusatzannahmen vereinbar ist. Konkurrenz um Reproduktionsvorteile unter den Individuen: so heißt das basale Prinzip des Reproduktionswettlaufes, der die biogenetische Evolution antreibt. Wie nun sollten sich innerhalb einer Population solche Individuen genetisch durchsetzen, die ihre eigene Reproduktion zugunsten der Gemeinschaft, also natürlich auch und vor allem zugunsten ihrer Konkurrenten einschränken und damit gegenüber diesen reduzieren? Alle Individuen, die sich nicht an eine derart »gemeinnützige« Regelung halten würden, müßten ihre »altruistischen« Populationsgenossen genetisch automatisch erfolgreich auskonkurrieren. Im biogenetischen Evolutionsprozeß heißt das Erfolgsrezept: »Eigennutz geht vor Gemeinnutz!« Eine beachtenswerte Ausnahme von dieser Regel bilden die sogenannten »Staaten« der Bienen und Ameisen; hier reproduzieren sich nur einzelne weibliche Individuen, die »Königinnen«, die dabei von allen anderen weiblichen »Staatsbürgern« ganz uneigennützig unterstützt werden. Das Geheimnis dieser Ausnahme liegt in dem Phänomen der genetischen »Haplo-Diploidie«: Die Männchen gehen aus unbefruchteten Eiern hervor und haben entsprechend nur einen Chromosomensatz, die Weibchen hingegen haben zwei Chromosomensätze, weil sie aus befruchteten Eiern hervorgehen. Die Folge davon ist, daß alle Töchter eines Vaters miteinander zwangsläufig den identischen Chromosomensatz ihres Vaters gemeinsam besitzen, die »Arbeiterinnen« sind daher untereinander genetisch näher verwandt ($r = 0.75$), als sie es mit eigenen Kindern wären ($r = 0.5$). Deshalb »verzichten« sie auf eigene Reproduktion und engagieren sich als sterile Helferinnen bei der Aufzucht ihrer Schwestern (nach dem *»kin selection«*-Prinzip, auf das wir weiter unten noch näher eingehen werden). Kurz, die weiblichen »Staatsbürger« – und sie bilden das tragende Element des Systems, die Männchen sind sozial weitgehend funktionslos, sie sind kurzlebig und dienen nur der Spermienproduktion – konkurrieren untereinander *nicht* um den individuellen Reproduktionserfolg, sie sind unfruchtbare »Helfer am Nest« der »Königin«: daher kann hier in der Tat »Gemeinnutz vor Eigennutz«

gehen. Nicht so bei uns Säugetieren: »Mammals strive for reproductive success as individuals.«[20]

Die »Gretchenfrage«, an der die soziobiologische Sichtweise mit der zuvor beschriebenen Sichtweise in Konflikt gerät, ist letztlich die Frage nach der »Einheit«, an der natürliche Selektion angreift, und nach der Ebene, auf der sie sich adaptiv (anpassend) auswirkt. Diese Problematik hat schon Darwin in seinem die Selektionstheorie begründenden Werk *On the Origin of Species by Means of Natural Selection* (1859)[21] irritiert. Sie beschäftigt ihn dann besonders zugespitzt in seinem 1871 erschienenen Buch *The Descent of Man and Selection in Relation to Sex*[22], und hier gerade im Hinblick auf unser Thema, den Ursprung und die Fortentwicklung der sittlich-moralischen Qualitäten des Menschen. Wie kann sich auf der Basis strikter Fortpflanzungskonkurrenz, also natürlicher Selektion, überhaupt kooperatives, »gemeinnütziges«, vor allem aber »altruistisches« Verhalten entwickeln, das ja zugunsten anderer Artgenossen auf die Maximierung des eigenen (Reproduktions-)Vorteils verzichtet? Da innerhalb eines Volkes oder Stammes die moralisch Hochwertigsten oft deutlich weniger Kinder produzierten als weniger »Tugendhafte«, so schreibt er, sei es doch »sehr zweifelhaft, ob die Nachkommen der ihren Kameraden mit Wohlwollen, Uneigennützigkeit und Treue entgegenkommenden Eltern in größerer Zahl aufgezogen werden als die Kinder der selbstsüchtigen und treulosen Eltern desselben Stammes. Wer bereit war, lieber sein Leben zu opfern, als seine Kameraden zu verraten, ... wird häufig keine Nachkommen hinterlassen können, die seine edle Natur erbten. Die Tapferen, die im Krieg stets an der Spitze der Schlachtreihe kämpfen und ohne Zögern ihr Leben für die anderen in die Schanze schlagen, werden im Durchschnitt eine höhere Anzahl Toter aufweisen als die anderen. Deshalb scheint es kaum wahrscheinlich zu sein, daß die Zahl der mit solchen Tugenden geschmückten Menschen oder der Maßstab ihrer Vortrefflichkeit *durch natürliche Selektion*, d.h. durch das Überleben der Geeignetsten erhöht werden könnte.« Anders verhalte es sich dann aber auf der »höheren« Ebene der Konkurrenz *zwischen* Völkern und Stämmen. Da greift nach Darwins Überzeugung das Selektionsprinzip sogleich wieder, denn »eine Vermehrung der Zahl gut begabter Menschen und ein Fortschritt der Sittlichkeit verleiht doch dem

Stamm eine ungeheure Überlegenheit über alle anderen Stämme. Wenn ein Volk viele Mitglieder hat, die aus Patriotismus, Treue, Gehorsam, Mut und Sympathie stets bereitwillig anderen helfen und sich für das allgemeine Wohl opfern, so wird es über andere Völker den Sieg davontragen: dies würde natürliche Selektion sein.«

Wie es aber zu einer Anreicherung »tugendhafter Menschen« innerhalb eines Stammes mittels natürlicher Auslese überhaupt erst kommen könne, das konnte sich Darwin nicht erklären; er mußte hier auf Lamarck[23] zurückgreifen. Seine Selektionstheorie nämlich genau beim Wort genommen, müßte jeder »Feigling« und »Drückeberger«, jeder »selbstsüchtige Egoist« und »eigennützige Betrüger« voraussichtlich eine höhere direkte Nachkommenzahl aufweisen als ein sich für die Gemeinschaft aufopfernder »Held«. Die natürliche Selektion würde folglich ständig eigensüchtiges Verhalten gegenüber altruistischem Verhalten favorisieren, es würde automatisch eine stetige und starke Kontraselektion gegen jene Tugenden herrschen, die der Gemeinschaft doch so nützlich wären und ihr gegenüber anderen Gemeinschaften solche Vorteile verschaffen würden.

Wie also konnte sich auf der Basis von Darwins natürlicher Selektion »altruistisches« Verhalten (also ein Verhalten, das dem Empfänger auf Kosten des Akteurs reproduktive Vorteile verschafft) überhaupt entwickeln und erfolgreich ausbreiten? Die »Soziobiologie« – beginnend mit W. D. Hamilton (1964)[23a] – hat dafür theoriekonforme Modelle entwickelt.

Das der biologischen Evolution letztlich zugrunde liegende Prinzip heißt also Konkurrenz, genauer: interindividuelle Konkurrenz zwischen Artgenossen um möglichst gute Fortpflanzungschancen unter den mit steigender Populationsdichte zwangsläufig ungünstiger werdenden Bedingungen einer allgemeinen Ressourcenverknappung. Natürliche Selektion arbeitet somit über differentiellen Reproduktionserfolg, und das ist zugleich der Grund, weshalb alle Organismen – unsere eigene Art eingeschlossen – via natürliche Selektion programmiert sein müssen, mit ihren unmittelbar benachbarten Artgenossen um jeweils höheren Reproduktionserfolg zu konkurrieren. Das steckt zwangsläufig in ihren Erbprogrammen und bedarf ebensowenig einer bewußten Absicht (Intention), wie es jemals des Wunsches der Giraffen bedurfte, längere Hälse zu bekommen. »Wie Selektion sich abspielt, gibt es keinen Weg, auf einen unmittelbaren Fortpflanzungsvorteil zu verzichten«, so drückt es Wolfgang Wickler[24] aus, und es kann keinem Zweifel unterliegen, daß immer die Gene jener Individuen, die sich mit vollem Einsatz ihrer Fortpflanzung widmen, in der nächsten Generation zahlreicher vertreten sein werden als die Gene solcher Artgenossen, die ihre Reproduktion – aus welchen Gründen auch immer – nicht in den Mittelpunkt ihres unbewußten Strebens gestellt hatten.

Diese evolutionsbiologisch zwingende Sichtweise mag vielen Lesern fernstehen; vielleicht gelingt es mir, sie über eine altbaltische Fabel, die den trefflichen Titel *Krähenweisheit* trägt, ein wenig vertrauter zu machen:

Eine Krähe hat auf einer Insel ihr Nest gebaut und füttert dort ihre drei Jungen groß. Eines Nachts zieht ein gewaltiger Gewittersturm auf. Die Insel wird überflutet, schon steigt das Wasser den Stamm des Nestbaumes hinauf. Die Krähe, erkennend, daß sie ihre Kinder nur vor dem Tod bewahren kann, wenn sie diese von der Insel aufs Festland bringt, und zugleich wissend, daß sie kaum alle drei Jungen wird retten können, ergreift das erste Junge und fliegt mit ihm über das Meer. Unterwegs fragt sie ihr Kind: »Wie wirst du mir später einmal vergelten, daß ich dich jetzt vom sicheren Tod errette?« Das Junge antwortet: »Mutter, wenn ich groß bin und du bist alt und schwach, dann werde ich dich pflegen und verwöhnen.« »Du sprichst falsch!« ruft die Mutter, »du verdienst nicht, gerettet zu werden«, und läßt ihr Kind in das tosende Meer fallen. Schnell fliegt sie zurück, ergreift das nächste Junge – die steigende Flut hat das Nest schon fast erreicht. Der Dialog wiederholt sich, das zweite Junge gibt die gleiche Antwort wie das erste, und wieder läßt die Mutter das Kind fallen. Dem letzten Kind steht das Wasser schon am Hals, als die Mutter es ergreift. Wieder fragt sie: »Wie wirst du mir dereinst meine Tat vergelten?« »Mutter«, antwortet das Kind, »wenn ich erwachsen bin, werde ich meinen Kindern gegenüber genauso handeln wie du jetzt mir gegenüber.« »Du sprichst gut!« ruft die Mutter, »du verdienst, gerettet zu werden. Bei uns Krähen sorgt man nicht für die alternden Eltern, sondern für die künftige Generation!« – und trägt das Junge ans rettende Land.

So fremd uns diese »Moral« auch erscheinen mag, die Fabel

gibt treffend wieder, welchen »Bewertungsmaßstab« – jetzt freilich nicht moralisch gemeint! – natürliche Selektion setzt. Es geht nicht um das individuelle Überleben, nicht um die eigene Langlebigkeit und das eigene Wohlergehen im postreproduktiven Alter; was einzig zählt, ist die erfolgreiche Weitergabe der eigenen Gene: das Individuum als Diener seiner Reproduktion. Reproduktion aber geht im allgemeinen zu Lasten der sich reproduzierenden Individuen. Nicht: »Mein Bauch gehört mir!«, sondern: »Mein Bauch gehört meinen Nachkommen, den zukünftigen Generationen!«, das ist die Devise, die in der biologischen Evolution Erfolg verspricht.

Um diese Perspektive ein wenig verständlicher zu machen, bedarf es einen kleinen Exkurses in die Grundlagen der Evolutionsbiologie.

Der Motor der Evolution ist nach Darwins Theorie die *natürliche Selektion*, und sie optimiert ihrer Natur nach die Fähigkeiten von Organismen zu erfolgreicher Konkurrenz um begrenzte Ressourcen, seien dies nun Nahrungsmittel, sichere Schlupfwinkel, Nist- oder Brutplätze oder – für den Reproduktionserfolg sich bisexuell fortpflanzender Organismen von zentraler Bedeutung – Geschlechtspartner. Erfolgreich im Sinne des Evolutionsprozesses sind dabei zunächst Individuen, die in direkter Nachkommenlinie überproportional viele Kopien oder Replikate ihrer Gene bzw. Allele in die zukünftige Generation einbringen. Die evolutionsbiologische *»Eignung«* oder *»Fitneß«*, wie Darwin das nannte, wird hier verstanden als eine *»persönliche Fitneß«*; sie mißt sich also am relativen Reproduktionserfolg eines Individuums im Vergleich zu seinem unmittelbaren Konkurrentenumfeld. Dabei zählt natürlich nicht einfach die Zahl der Geburten oder der gelegten Eier, sondern die Zahl der ihrerseits wieder erfolgreich zur Reproduktionsreife aufgezogenen Jungen. Diese Fitneß hängt von Eigenschaften und besonders auch vom Verhalten der jeweiligen Individuen ab, d.h. natürliche Selektion »bewertet« die *Individuen* (genetisch präziser ausgedrückt: die *individuellen Phänotypen*) und liest nach diesen individuellen Qualitäten aus. Der Soziobiologe Richard Dawkins hat die Individuen daher (mit einem leicht ironischen Zungenschlag) auch als die *»Vehikel ihrer Gene«* oder als ihre *»Ausbreitungsmaschinen«* bezeichnet, wobei der Ausbreitungserfolg der Gene natürlich von den die Ausbreitung der Genreplikate fördernden Qualitäten und Anstrengungen ihrer »Vehikel« abhängt.[25] Den entsprechenden selektiven Bewertungsprozeß nannte Dawkins folgerichtig *»vehicle selection«.*[26] Für die Evolution zählt aber letztlich nicht das Schicksal dieser »Vehikel«, also der Individuen, sondern das überindividuelle Überdauern durch die Generationenfolge. Und was Generationen überdauert, sind natürlich nicht die Individuen, sondern die Gene, d.h. die Replikate und Replikatoren ihrer Struktur- und Verhaltensprogramme: Dawkins spricht in diesem Zusammenhang von *»replicator survival«.*[27] Es ist ohne weiteres einsichtig, daß jene Replikatoren bzw. genetischen Programme jeweils die besseren Ausbreitungschancen in künftigen Generationen haben werden, die ihren »Vehikeln« zu mehr erfolgreich aufgezogenen Nachkommen verhelfen, und daran sind Verhaltensprogramme und somit natürlich auch die eigene Reproduktion optimierende Strategien entscheidend beteiligt.

Um das noch einmal etwas anschaulicher zu wiederholen: Natürliche Selektion setzt nach Maßgabe individueller Anpassungsqualitäten Prämien aus. Diese Prämien werden ausgezahlt in Reproduktionserfolgswährung, also gewissermaßen mit einem Wechsel auf die Zukunft. Gutgeschrieben wird dieser Wechsel letztlich nicht den prämierten Individuen, sondern ihren Genen bzw. Allelen, die in den Folgegenerationen entsprechend vermehrt vertreten sind. »Kontoinhaber« sind daher gar nicht die Individuen, sondern ihre genetischen Programme. Im Gegenteil, die sich fleißig reproduzierenden Individuen haben für sich selbst nicht nur nichts davon, sondern biologische Reproduktion geht in aller Regel eindeutig zu Lasten der Überlebenskraft und der Überlebenswahrscheinlichkeit der Reproduzenten. Die eigentlichen »Nutznießer« und zugleich die entscheidenden Figuren im biologischen Evolutionsspiel sind somit die genetischen Programme. Die Individuen hingegen sind austauschbare und schnell vergängliche »Inkarnationen« (»Vehikel« hatte sie Dawkins genannt), die im »Interesse« ihrer Gene engagiert am »Daseinskampf« teilnehmen und bei der überwiegenden Mehrzahl der Organismen längst tot sind, wenn die Erfolgsbilanz gezogen wird. Was durch Generationen hin überlebt, sich ausbreitet, vermehrt oder auch verringert, was Evolution also unter der strengen »Herrschaft« der natürlichen Selektion verändert, sind genetische Programme. Jene genetischen Programme haben automatisch die besseren Ausbreitungserfolge, die ihre Individuen (»Vehikel«) dazu veranlassen, sich ohne Rücksicht auf eigene Nachteile und Risiken für die Produktion von Nachwuchs einzusetzen. Wen könnte es da noch wundern, daß der Drang zur Fortpflanzung unter dem zwingenden Druck der natürlichen Selektion allen Organismen (und somit auch unserer eigenen Art, dem *Homo sapiens*!) seit Jahrmilliarden genetisch so tief und unauslöschlich eingepflanzt ist? Selbstaufopferung im Dienste dieses »biogenetischen Imperativs« wurde und wird von der natürlichen Selektion allemal höher »belohnt« als zögerliche Eigensucht von Individuen und Generationen. Das ist auch die »Moral« der oben zitierten »Krähenweisheit«.

Wir können nun sogleich einen Schritt weitergehen.

Wenn es zutrifft, daß die Kosten-Nutzen-Bilanz des individuellen Verhaltens evolutionsbiologisch nicht auf die Individuen, sondern auf ihre Erbprogramme (Gene) zu beziehen ist, dann hat das weitreichende Konsequenzen: Die oben beschriebene *»persönliche Fitneß«* (im Sinne Darwins) reicht dann als biogenetisches Erfolgsmaß nicht mehr aus, vielmehr ist dem Ausbreitungserfolg von genetischen Programmen auch jedes Verhalten ihrer individuellen Träger dienlich, das die reproduktiven Bemühungen naher genetischer Verwandter tatkräftig unterstützt. Denn identische Replikate meiner Erbprogramme stecken ja über gemeinsame genealogische Abstammung und nach Maßgabe der genetischen Verwandtschaftsnähe mit definierbarer statistischer Wahrscheinlichkeit auch noch in anderen Individuen: in meinen Eltern, Kindern und Vollgeschwistern mit berechenbar höherer Wahrscheinlichkeit als in den eigenen Großeltern, Enkeln, Onkeln und Tanten und in diesen wiederum mit höherer statistischer Wahrscheinlichkeit als in meinen Vettern und Basen usw. Populationsgenetiker drücken die Wahrscheinlichkeit, mit der in zwei Individuen einer Population über gemeinsame Ahnen identische Genreplikate zu erwarten sind, durch den sogenannten *»Verwandtschaftskoeffizienten« r* aus. Dieser Koeffizient kann Rechenwerte zwischen Null (nicht verwandt) und Eins (genetisch identisch, z.B. bei eineiigen Zwillingen) annehmen. Bei sich zweigeschlechtlich fortpflanzenden Organismen gilt statistisch beispielsweise für biologische Eltern-Kind- sowie für Vollgeschwister-Kombinationen ein r-Wert von r = ½ bzw. 0.5; für die Großelter-Enkel-Kombination oder für Halbgeschwister, ebenso wie für das Verhältnis von Onkel bzw. Tante zu Neffe bzw. Nichte (bei streng monogamen Sexualbeziehungen) r = ¼ bzw. 0.25; für Urgroßeltern-Urenkel- und Vettern- und Basen-Kombinationen ersten Grades r = ⅛ bzw. 0.125 usw. Natürliche Selektion »sollte« (hier im Sinne einer Prognose gemeint!) demnach im »Interesse« der Gene nicht nur jene Eigenschaften und Verhaltensprogramme fördern, die dem Einzelindividuum zu mehr gesundem Nachwuchs verhelfen, sondern vor allem auch jene Eigenschaften und Verhaltensprogramme mit verstärkter Ausbreitung belohnen, die den jeweils nächsten Verwandten zu höherem Reproduktionserfolg verhelfen. Die unter nahezu allen höherentwickelten sozial lebenden Organismen anzutreffende intensive und nach Verwandtschaftsnähe differenziert abgestufte *Verwandten-Unterstützung*, der berühmte *»Nepotismus«*, ist daher eine ganz zwangsläufige Konsequenz natürlicher Selektion, sie ist ein Resultat der Tatsache, daß die eigentlichen »Kontoinhaber« im biologischen Evolutionsgeschehen nicht die Individuen sind, sondern die genetischen Programme, die ihr »Kapital« in ihrem »Eigeninteresse« auf möglichst viele »Firmenfilialen« verteilen »sollten«, welche ihrerseits kooperieren, weil sie die gleichen genetischen »Interessen« verfolgen. Dieses Phänomen der abgestuften Verwandten-Unterstützung nennen die Soziobiologen *»kin selection« (»Verwandtschafts-Selektion«)*[28], und die Fitneß, die daraus resultiert, bezeichnen Evolutionsbiologen als *»Gesamtfitneß« (»inclusive fitness«)*.[29] Damit erklärt sich die außerordentlich weite Verbreitung, die selektive Verwandten-Unterstützung im Tierreich erfahren hat.

Auf dieser Basis kann natürlich ohne weiteres nicht nur kooperatives, sondern sogar auch *»altruistisches«* Verhalten entstehen, ohne daß man für diesen Zweck mysteriöse »arterhaltende« oder »artdienliche« Mechanismen erfinden muß, deren Ausbreitung ja – wie bereits Darwin wußte – via natürliche Selektion gar nicht erklärbar wäre. Im »Interesse« der »Gesamtfitneß« kann es sich nämlich unter bestimmten ökologischen und ökonomischen Bedingungen sogar evolutiv auszahlen, wenn ein Individuum zeitweise oder sogar ganz auf die eigene, persönliche Reproduktion verzichtet (somit also seine »persönliche Fitneß« reduziert), um statt dessen seine Eltern oder seine Geschwister in deren Reproduktion besonders effektiv zu unterstützen, ihnen also zu einem überproportionalen Reproduktionserfolg zu verhelfen. Das wäre »altruistisches« Verhalten im Sinne der Soziobiologen, nämlich Verzicht auf eigene Reproduktionsvorteile zugunsten anderer. Solche im Tierreich (und beim Menschen!) weitverbreiteten *»Helfer am Nest«* handeln – wie Richard Alexander das genannt hat[30] – *»phänotypisch altruistisch«* (das heißt, bezogen auf ihre individuelle Reproduktion), aber zugleich ganz eindeutig im »Interesse« ihrer Gene und somit, genaugenommen, *»genetisch eigennützig«*. Sie verschaffen auf diese Weise den via gemeinsame Abstammung identischen Kopien bzw. Replikaten ihrer Gene erhöhte Ausbreitungschancen gegenüber den konkurrierenden Allelen in der Population.

Was demnach von der natürlichen Selektion letztlich gefördert wird, ist nicht vorrangig die Maximierung der »persönlichen Fitneß« (auch »Darwin-Fitneß« genannt), sondern die Maximierung der »Gesamtfitneß« (auch »Hamilton-Fitneß« genannt), die den eigenen direkten Reproduktionserfolg und den Reproduktionserfolg der genealogischen Verwandten, gewichtet nach dem jeweiligen Verwandtschaftsgrad (rechnerisch also multipliziert mit dem jeweiligen Verwandtschaftskoeffizienten r), umfaßt. Hat also z.B. ein »Held« oder ein »Genie« auch selbst keine direkten Nachkommen, so kann er doch durch seine »Heldentaten« oder geistigen Inspirationen seine »Gesamtfitneß« erheblich dadurch steigern, daß seine »Taten« seinen nächsten Verwandten durch gesteigertes soziales Ansehen und verbesserte ökonomische Bedingungen zu erhöhtem Fortpflanzungserfolg verhelfen. Damit können sich seine bewunderungswürdigen »uneigennützigen« Qualitäten in der Bevölkerung vermehren. »Phänotypischer Altruismus« kann sich auf diesem Wege in Tier- und Menschenpopulationen ausbreiten, ohne daß wir auf Darwins Theorie fremde oder ihr gar widersprechende Mechanismen zurückgreifen müssen. Die »Zauberformel« von der »arterhaltenden Zweckmäßigkeit« ist überflüssig geworden: *»kin selection«* heißt die Lösung!

Es ist daher evolutionsbiologisch geradezu vorhersagbar, daß auch menschliche Gesellschaften auf »nepotistischen« Verwandtschaftssystemen beruhen und daß Muster abgestufter Verwandtschaftsnähe eine zentrale Rolle für die Form und Intensität des sozialen Miteinanders spielen.

Das Prinzip, nach dem individuelles Verhalten im biogenetischen Evolutionsprozeß selektioniert wird, ist demnach letztlich »genetischer Eigennutz«, wobei der »Eigennutz« nicht auf das handelnde Individuum, sondern auf seine genetischen Programme zu beziehen ist. Natürliche Selektion fördert also die Optimierung von Strategien zur Maximierung der »Gesamtfitneß« der Akteure. Damit wird zugleich auch klar, daß eine neue und andersartige Definition von »adaptiv« (= angepaßt) erforderlich geworden ist als die der »klassischen« Ethologie oder des »Sozialdarwinismus«, die sich beide gern auf das »Artwohl« bzw. auf ein »Gemeinschaftswohl« (z.B. Rasse, Klasse, Nation, Volk, Stamm usw.) bezogen. Als »adaptiv« kann nun nicht mehr gelten, was der »Arterhaltung dient«, sondern »adaptiv« ist einzig, was der genetischen »Gesamtfitneß« der individuellen Akteure nützt. Generell geht also in der biologischen Evolution »genetischer Eigennutz« vor »artdienlichem Gemeinnutz«, nur darf man eben den »Eigennutz« nicht allein auf das jeweils agierende Individuum beziehen, sondern auf seine genetischen Programme, so daß »genetisch eigennützig« auch sein kann, was auf individueller (phänotypischer) Ebene als »uneigennützig«, ja »selbstlos« erscheinen mag!

Einen zweiten Weg, auf dem – diesmal primär unabhängig von genetischen Verwandtschaftsgraden, jedoch gleichfalls selektiv, was die Partner angeht – kooperatives und im Sinne der Soziobiologen »altruistisches« Verhalten durch den unbestechlichen Mechanismus der natürlichen Selektion sich ausbreiten kann, hat Robert Trivers unter den Namen *»reziproker Altruismus«* beschrieben.[31] Dieses wechselseitige »Hilf du mir, so helfe ich dir«-Prinzip kann durch natürliche Selektion wieder nur unter der Voraussetzung gefördert werden, daß die reproduktiven Kosten des »altruistischen« Akteurs das Ausmaß seines reproduktiven »Gesamtfitneß«-Gewinns nicht übersteigen, das er mit angemessener statistischer Wahrscheinlichkeit dadurch erreichen wird, daß der momentane Nutznießer seiner »altruistischen« Aktion sich in entsprechend umgekehrten Situationen ihm gegenüber zumindest gleichwertig revanchiert. Weil hier natürlich individuelle Verläßlichkeit bzw. Vertrauenswürdigkeit und soziale Sanktionen gegenüber »Betrügern« eine wichtige Rolle spielen, steigen Wirksamkeit dieses Prinzips und beidseitiger Gewinn solcher Reziprok-Beziehungen mit längerfristig andauerndem sozialen Zusammenleben und gegenseitiger persönlicher Bekanntschaft bzw. Vertrautheit, mithin gerade unter jenen Bedingungen, die für die höherentwickelten Primaten und insbesondere für den Menschen typisch sind. Beachte: Auch hier handelt es sich wieder um ein letztlich (genetisch) »eigennütziges« und damit – ethisch bewertet – wohl nur um ein »schein-altruistisches« Verhalten nach dem bereits zitierten Motto: »Der wahre Egoist kooperiert.« In seinem wunderbaren Buch *The Evolution of Cooperation* hat Robert Axelrod auf spieltheoretischer Basis allgemeinverständlich dargestellt, wie verläßliche Reziprok-Systeme kooperativen Verhaltens auf rein eigennütziger Motivationsbasis und ohne jede übergeordnete »Außensteuerung«, allein über einen der natürlichen Selektion entsprechenden Mechanismus der individuellen Erfolgsmaximierung entstehen und sich ausbreiten können.[32] Auch hier bedarf es keiner das »Gemeinwohl« schützenden und fördernden übergeordneten Instanz, sei dies nun die biologische Spezies als selbstregulative Einheit höherer Ordnung oder eine das *bonum commune* verfassungsgemäß im Auge haltende Staatsregierung.

Und selbstverständlich ist auch die kooperative Aufzucht und Versorgung gemeinsamer Kinder durch die biologischen Eltern ein »genetisch eigennütziges« Geschäft, eine zielgerichtet abgestimmte Zusammenarbeit, von deren Erfolg beide Partner je für sich reproduktiv profitieren.

Nichts also von »altruistischem« Verzicht auf eigene »Gesamtfitneß«-Maximierung im übergeordneten Gemeinschaftsinteresse, kein »moral-analoges« Gebot zugunsten von Gemeinnutz oder gar Artdienlichkeit. Nur genetisch eigennütziger »Nepotismus« und primär auf eigenen Vorteil ausgerichteter »reziproker Altruismus«; alles – an den hohen Anforderungen Kantischer Ethik gemessen – doch wohl »ziemlich niedrige Motive«[33] für altruistisches Handeln. Sollte darin auch der harte natürliche Kern menschlicher Moralität bestehen, der britische Historiker Edward Gibbon hätte wohl nicht unrecht mit seiner sarkastischen Mahnung: »Man traue keinem erhabenen Motiv für eine

Handlung, wenn sich auch ein niedrigeres finden läßt!«[34] Zumindest wird man Peter Singers Kommentar zustimmen müssen: »*Sociobiology suggests that few of us are saints.*«[35]

Die logischen Folgerungen aus all diesen theoretischen Überlegungen und ihren bereits vielfältig erbrachten empirischen Bestätigungen – auf die ich hier verständlicherweise nicht eingehen kann – sind, daß natürliche Selektion ihrer eigenen Natur nach

1. überhaupt keinen im genetischen Sinne uneigennützigen Altruismus und

2. kein undifferenziert-egalitäres, nicht nach genetischer Verwandtschaftsnähe oder Erwiderungsverläßlichkeit selektierendes altruistisches Verhalten hervorbringen kann.

Die Natur produziert somit offensichtlich nur eine »Schein-Moral«, die nicht nur nicht selbstlos und primär gemeinschaftsdienlich ist (wie viele Vertreter der »klassischen« Ethologie und eines »normativen Biologismus« glaubten), sie ist vielmehr prinzipiell »genetisch eigensüchtig« und alles andere als übergeordneten Gemeinschafts- oder Art-Interessen verpflichtet. Sie streut darüber hinaus ihre sozialen »Wohltaten« immer inegalitär und verstößt somit grundsätzlich gegen jedes Gleichheitsprinzip. »Bisher hat man noch bei keinem Lebewesen Anzeichen für einen echten Altruismus gefunden, der sich ohne Diskriminierung auf die ganze Art oder die gesamte Bevölkerung erstreckt«, so resümiert mit Recht Richard Alexander.[36] Kurz, die Natur verstößt gegen all das, was wir das »eigentlich Gute« nennen möchten.

Immerhin, via natürliche Selektion allein kann sich offensichtlich auch kein rein »boshaftes« oder ausschließlich »böswilliges« Verhalten bilden und ausbreiten, nämlich ein Verhalten, das anderen schadet, ohne dem Akteur selbst irgendeinen sich in »Gesamtfitneß-Währung« auszahlenden Nutzen zu bringen, geschweige denn ihm gar noch eine negative Kosten-Nutzen-Bilanz einträgt. Das heißt: Weder das »eigentlich Gute« noch das »wirklich Böse« können ein Resultat natürlicher Selektion sein!

Natürliche Selektion wird also immer genbezogenen Eigennutz fördern oder, wie George C. Williams das treffend formulierte: »Natural selection … can honestly be described as a processs for maximizing of short-sighted selfishness.«[37] Im biologischen Evolutionsprozeß galt und gilt immer das Prinzip: Genetischer Eigennutz geht vor kollektivem Gemeinnutz – auch wenn manche Handlungen auf individueller Ebene so aussehen, als dienten sie der moralischen Forderung: Gemeinwohl geht vor Eigennutz.

Zwei wichtige Anmerkungen sind hier zu machen:

1. Selbstverständlich impliziert die hier vorgetragene Argumentation weder *teleologische* Zielvorgaben (seien diese immanent oder von außen, etwa nach einem »Schöpferplan« gesetzt) noch *bewußte* Kalkulationen (im Sinne von Kosten-Nutzen-Bilanzierungen), weder auf der Ebene der Gene noch auf der Ebene der Individuen. Sie konstatiert lediglich das unbestreitbare Faktum, daß natürliche Selektion ihrem Wesen nach automatisch und zwangsläufig solche genetischen Programme reproduktiv bevorteilt, die ihre Träger so agieren lassen, *als ob* diese eine rationale Kosten-Nutzen-Kalkulation im Sinne ihrer »Gesamtfitneß«-Maximierung *richtig* durchgeführt hätten, egal, auf welche Weise dieses »als ob« auch immer zustande gekommen sein mag.

2. Die Soziobiologie kommt im Hinblick auf die Frage nach der »Moralität der Natur« praktisch zu derselben Schlußfolgerung wie schon 100 Jahre zuvor Thomas Henry Huxley[38]: Im biologischen Evolutionsprozeß ist keinerlei Moral (und auch nichts »Moral-Analoges«) enthalten; das Geschehen zeichnet sich vielmehr durch absolute »moralische Indifferenz« aus: »... der Naturverlauf wird weder sittlich noch unsittlich erscheinen, sondern nichtsittlich«, und steht somit außerhalb jeder moralischen Dimension. Die natürliche Selektion und ihre unmittelbaren Resultate entziehen sich jeder ethisch-sittlichen Bewertung nach »gut« und »böse«; die Natur ist – wie schon Nietzsche feststellte – »verschwenderisch ohne Maß, gleichgültig ohne Maß, ohne Absichten und Rücksichten, ohne Erbarmen und Gerechtigkeit«[39], aber auch ohne eine sich selbst genügende »Bosheit«, kurz, sie ist *sittlich indifferent* und unterliegt keiner moralischen Wertkategorie.

Da unsere gesamte biogenetische Ahnenreihe seit Beginn des Lebens – vor mehr als vier Milliarden Jahren! – dem unbestechlichen und schonungslosen Mechanismus der natürlichen Selektion unterworfen war, der uns schließlich hervorgebracht hat, müssen wir davon ausgehen, daß auch die Menschen über alle

Stadien ihrer biologischen Geschichte aus natürlichem Antrieb, dann aber zunehmend auch unter Einsatz der jeweils verfügbaren kulturellen Mittel vor allem einem Ziel »verpflichtet« waren: ihre biogenetische »Gesamtfitneß«, d.h. den Vermehrungserfolg ihrer Gene im Umfeld ihrer jeweiligen Konkurrenten zu maximieren, »wohl nicht zwanghaft und unter allen Umständen, und schon gar nicht immer bewußt, aber doch unter dem fühlbaren Druck genetisch programmierter natürlicher Antriebe«, wie Hubert Markl schreibt.[40] Den biogenetischen Erfolg dieser biologisch-kulturellen Koevolution wird niemand bestreiten können, der den exponentiellen Anstieg der Wachstumskurve der menschlichen Erdbevölkerung vor Augen hat. Auch die sittlichen Prinzipien und moralischen Systeme der Menschheit in allen ihren unterschiedlichen Schattierungen können der biogenetischen Fitneß-Maximierung nicht dauerhaft abträglich gewesen sein, sie haben wohl eher das Gegenteil unterstützt. »Die angeborene Natur des Menschen « – so wieder Markl – »mag ihm große, fast völlige Verhaltensfreiheit geben, die gleiche Natur entfernt aber mit der Zeit regelmäßig jene Genotypen, die von dieser Freiheit einen Gebrauch machen, der dem Vermehrungserfolg ihrer Gene allzu nachteilig ist.« Wir blieben und bleiben stets an der elastischen Leine der uns via natürliche Selektion einprogrammierten genetischen »Fitneß-Imperative«. Somit ist uns auch das biogenetische Prinzip des »genetischen Eigennutzes« eingepflanzt und zugleich auch eine Reihe »prämoralischer« Tendenzen, die tief in unsere vormenschliche Stammesgeschichte zurückweisen: allem voran die alles überspannende Grundregel der fein nach genetischer Verwandtschaftsnähe und Interessenkonvergenz diskriminierenden Verteilung helfender bzw. schädigender Aktivitäten, eine angeborene Neigung, die jede egalitär der Gesamtmenschheit verpflichtete Ethik als ein naturfernes Postulat erscheinen läßt. Denn – wie Richard Dawkins vermerkt –: »Much as we might wish to believe otherwise, universal love and the welfare of the species as a whole are concepts which simply do not make evolutionary sense.«[41]

Was wir an »prämoralischen« Vorgaben aus unserer Stammesgeschichte mitbringen, läßt sich im Grundsatz etwa folgendermaßen zusammenfassen:

– Der Mensch ist von Natur aus kooperativ und in gewissen

Grenzen auch altruistisch (»phänotypisch altruistisch«, wohlgemerkt).

– Diese natürlichen Charakterzüge sind jedoch letztlich »genetisch eigennützig« angelegt.

– Der »natürliche« Adressatenkreis von kooperativen, mutualistischen und altruistischen Akten ist durchaus begrenzt; die sozio-positiven Verhaltensweisen werden selektiv und keineswegs egalitär eingesetzt, wobei Verwandtenbevorzugung und verläßliche Reziprok-Beziehungen innerhalb einer individuell überschaubaren und vertrauten Gruppe die Zuteilungskriterien setzen.

Und ebendiesem unserem uralten stammesgeschichtlichen Erbe, dem »Prinzip des genetischen Eigennutzes«, entspringen unsere inegalitären ambivalenten Verhaltenstendenzen: einerseits das Mißtrauen, die Ablehnung oder gar die Feindlichkeit gegenüber Nichtverwandten, Fremden und Außenstehenden, und andererseits der Altruismus, die Hilfsbereitschaft und der Opfermut gegenüber Verwandten, uns »nahestehenden« und vertrauten Menschen.

Wir müssen aber davon ausgehen, daß unsere eigene Natur gerade das *nicht* mitbringt, was eine hochkarätige universalegalitäre, der Gesamtmenschheit verpflichtete Ethik zu fordern hat. Unsere »biogenetische Moral« wird immer sensibel diskriminieren nach übereinstimmenden oder voneinander abweichenden genetischen – und das sind reproduktive – Interessen. Sie legt damit unweigerlich den Grundstein auch für eine »doppelte Moral«, diskriminierend nach Verwandtschaftsnähe und Geschlechtszugehörigkeit.

2
Evolutionsbiologie und die »doppelte Moral«

Unter »Moral« verstehen wir den konkreten Kodex sittlichen Verhaltens menschlicher Gemeinschaften, ein Wertesystem, das praktische Vorschriften setzt, wie man sich verhalten soll und wie nicht. Moral ist also zugleich Handlungsanweisung und Maßstab der Handlungsbewertung nach »gut« und »böse«, »erwünscht« oder »nicht erwünscht«. Moral soll innerhalb der Gemeinschaft verbindlich sein, sie soll einheitliche Maßstäbe setzen. Genau das tut die sogenannte »doppelte Moral« nicht: Sie setzt gezielt uneinheitliche, diskriminierende Maßstäbe für die Handlungsbewertung, Handlungsrechtfertigung und für konkrete Handlungsanweisungen. Dieser doppelte Maßstab kann sich auf Handlungen beziehen, z.B. wenn das vorsätzliche Töten von Menschen unter Kriegsbedingungen als lobenswerte Tat, unter Friedensbedingungen jedoch als zu verurteilender Mord gilt, oder auf Personen, z.B. wenn ein Herr seinen Sklaven schlagen darf, der Sklave aber nicht seinen Herrn. Der Begriff »Doppelmoral« hat im Allgemeinverständnis allerdings noch weitere Facetten. Er kann sich z.B. auch auf die Akzeptanz moralischer Normen selbst beziehen, so etwa, wenn eine Gesellschaft in der Öffentlichkeit, gewissermaßen »pro forma«, einen moralischen Code akzeptiert und vertritt, die Individuen aber in ihrem tatsächlichen privaten Verhalten von diesem Code nach Belieben abweichen, ein Umstand, auf den u.a. die Kritiker der viktorianischen Moral immer wieder aufmerksam gemacht haben. Oder: Bürger, die privat den erkauften Liebesdienst von Dirnen durchaus hochschätzen, beschimpfen ebendiese Damen in der Öffentlichkeit als »Abschaum der Gesellschaft«. In diesem Kapitel verwende ich den Begriff »doppelte Moral« jedoch nur im Sinne eines diskriminierenden doppelten Maßstabes der moralischen Bewertung im Hinblick auf Handlungen von und gegenüber unterschiedlichen Personengruppen. »Doppelte Moral«, bezogen auf Personen oder Personengruppen, enthält in der Regel eine unterschiedliche generelle Wertschätzung jener Personen oder Personengruppen, die Ausdruck einer sozialen Rangordnung ist, die wiederum auf den jeweiligen Machtverhältnissen beruht. Und es war natürlich immer angenehmer, der jeweils mächtigeren »Gruppe« anzugehören. So soll schon der vorsokratische Philosoph Thales den Göttern gedankt haben, daß er als Mensch (und nicht als Tier), als Grieche (und nicht als »Barbar«), als Freier (und nicht als Sklave), als Mann (und nicht als Frau) geboren worden sei. So anrüchig »doppelte Moral« im Sinne ethischer Ideale auch sein mag, sie ist in dieser oder jener Form weltweit verbreitet und dient zur Rechtfertigung unterschiedlicher Handlungsweisen und Bewertungen. Sie verstößt gegen postulierte »Gleichheits-Prinzipien« und dokumentiert Parteilichkeit.

Was könnte Biologie, und insbesondere die Evolutionsbiologie, mit diesem Phänomen zu tun haben?

Einen ersten Hinweis gibt nach den vorangegangenen Erörterungen wohl die Feststellung, daß die »doppelte Moral« weltweit zumindest zwei Kernbereiche umfaßt, die mehr oder weniger direkt mit biogenetischer Reproduktion verknüpft sind:

a) die nach Geschlecht diskriminierende *Sexualmoral* mit ihren unterschiedlichen Bewertungen gleicher Handlungen, je nach dem Geschlecht des Akteurs,

und

b) das ständige nepotistische *»ingroup-outgroup«-Differenzieren* mit der unterschiedlichen Bewertung gleicher Handlungen je nach Verwandtschaftsnähe, nach Stammeszugehörigkeit, Volk, Nation, Religion oder Rasse der Akteure.

Ich möchte für beide Bereiche zunächst einige Beispiele skizzieren.

a) Geschlechtsdifferente Sexualmoral:

– Der alte Hindu-Ritus der »Sati«, der »freiwilligen« Witwenverbrennung, hat interessanterweise – manche würden sagen: selbstverständlich! – nirgends in der Welt ein männliches Pendant.

– Ehebruch, vom Mann oder von der Frau begangen, wird in nahezu allen patrilineal strukturierten Gesellschaften auf folgende Weise unterschiedlich bewertet: als eher aufwertendes »Kavaliersdelikt« beim Mann, als vorwiegend strafwürdiges Verbrechen bei der Frau. Männliche und weibliche Tugenden sind offenbar nicht gleich, sie können sich sogar in diametral gegenläufiger Weise voneinander unterscheiden.

– In welcher menschlichen Gesellschaft gibt es schon ein männliches Gegenstück zur Forderung nach tugendhafter »Jungfräulichkeit« vor Ehe-Eintritt?

– Der männliche »Ehrenkodex« scheint allgemein zu dominieren: Der Mann hat zu herrschen, nicht die Frau. Das zeigt sich sogar schon an der Geschichte der Bewertung des »Bienenstaates«: In der Antike galt er weithin als das vollkommene Vorbild für den unvollkommenen Menschenstaat. Seneca sah in ihm die Rechtfertigung der Monarchie und wies seinen Schüler Nero unter anderem auf die Stachellosigkeit »des Königs« hin: Die Natur wolle nicht, daß der Herrscher heftig sei und Rache heische. Es erwies sich dann als fatal, daß der Zoologe Butler 1609 in seinem Buch *The Feminine Monarchy* nachwies, der »Bienenkönig« sei in Wirklichkeit eine »Dame«. Die uneigennützigen »Mannen« und »Ritter« des Königs entpuppten sich als sterile Weibchen, und als Männer blieben nur die arbeitsscheu und egoistisch am Staate parasitierenden Drohnen übrig. Wen mag es da noch wundern, daß seit dieser »Enthüllung« der Bienenstaat seinen Vorbildcharakter für die menschliche Gesellschaft ein für allemal eingebüßt hat?

b) Nepotistische und ethnozentristische »doppelte Moral«:

– Der russische Revolutionär Peter Kropotkin beklagte die »doppelte Moral« mit den Worten: Schon das Leben der »Wilden tritt unter zwei verschiedenen ethischen Formen in Erscheinung: die Beziehungen innerhalb eines Stammes und die Beziehung zu den Außenstehenden; und das intertribale Recht weicht (wie unser Völkerrecht) sehr vom gemeinen Recht ab. Wenn es daher zu einem Krieg kommt, mögen die empörendsten Grausamkeiten die Bewunderung des Stammes hervorrufen. Diese doppelte Moral geht durch die ganze Entwicklung der Menschheit hindurch und hat sich bis zum heutigen Tage erhalten.«[1]

– Für die Gegenwart stellt der britische Philosoph John L. Mackie beklemmend fest: »It is perfectly possible for people to combine the finest moral sensitivity in relation to their fellows with extreme unhumanity towards ... human beings whom they see in some way alien to themselves and their associates.«[2]

– Das Alte Testament demonstriert uns auf Schritt und Tritt diese »doppelte Moral«. »Du sollst nicht töten« bedeutet im alttestamentlichen Verständnis: »Du sollst keinen Israeliten töten«; und das Verbot des Diebstahls galt auch nur für die eigene Gemeinschaft, ansonsten gibt es den »gerechten Diebstahl«, »Gerechtigkeit« ist offensichtlich nach Verwandtschaftsgraden gestuft.

– Ein altes arabisches Sprichwort unterstützt diese Feststellung: »Ich gegen meinen Bruder; ich und mein Bruder gegen unsere Vettern; ich, mein Bruder und meine Vettern gegen die, die nicht mit uns verwandt sind; ich, mein Bruder, meine Vettern und Freunde gegen unsere Feinde im Dorf; sie alle und das ganze Dorf gegen das nächste Dorf!«[3]

– Interessanterweise schließt die Verleihungsordnung der zivilen US-amerikanischen Carnegie-Tapferkeitsmedaille eine Vergabe für die Rettung des Lebens eines Blutsverwandten ausdrücklich aus.

– Bei den eigenen Blutsverwandten, so die alte Seefahrerregel, verbot sich der lebensrettende Kannibalismus, der sonst als letzte Notmaßnahme akzeptiert wurde: Blutsverwandte sind tabu!

– In vielen Gesellschaften fordert der gewaltsame Tod eines Blutsverwandten die »Blutrache« als rechtmäßige Vergeltung: Mord ist moralisch gerechtfertigt, wenn dadurch die »Blutschuld« der Tötung eines Verwandten getilgt wird. Blutsverwandte sind zu schützen, und dazu ist jedes Mittel recht: Der Zweck heiligt die Mittel!

Jeder von uns könnte die Reihe der Beispiele in beiden Themenkreisen nahezu beliebig verlängern. Unsere Frage war jedoch, was Evolutionsbiologie damit zu tun habe.

Meine These ist nun, daß die *»doppelte Moral«* in den beiden Bereichen, Geschlechterbeziehung und Verwandtschaftsdifferenzierung, gewissermaßen unsere *»natürliche Moral«* oder die *»Moral unserer Gene«* ist, nämlich Folge und Ausfluß dessen, was die natürliche Selektion im weit zurückreichenden Verlauf unserer Stammesgeschichte in uns angelegt und uns aufgeprägt hat in Form von adaptiven, also an die jeweiligen Bedingungen angepaßten Verhaltensstrategien im Dienste einer Optimierung eben dieser biogenetischen Reproduktion. Die von Menschen weltweit praktizierte und durch kulturelle Traditionen weltweit institutionalisierte Unterteilung der Menschheit in a) männlich vs. weiblich und b) verwandt/vertraut vs. nichtverwandt/fremd hat biogenetische Grundlagen, und sie kennzeichnet zugleich die universalen Felder »doppelter Moral«. Beide Bereiche hängen mit Fortpflanzung, mit biogenetischer Reproduktion zusammen, was man als einen Hinweis darauf deuten kann, daß die »doppelte Moral« einen beachtlichen evolutionsbiologischen Stellenwert besitzt. In diesem Falle wäre sie also in der Tat auch evolutionsbiologisch erklärbar, wobei ich sogleich betonen möchte, daß »erklären« hier ausschließlich im »verständnisfördernden« Sinne (auf funktionaler und gegebenenfalls auf kausaler Ebene) gemeint ist, keinesfalls jedoch in einem legitimierenden oder normativen Sinne.

Um dies ebenfalls gleich unmißverständlich klarzustellen: Die spezifischen Expressionen der Umsetzung dieser Verhaltensstrategien in faktisches Verhalten sind bei uns (wie bei anderen zerebral hochentwickelten Säugetieren) nicht genetisch fest determiniert, sie sind vielmehr außerordentlich flexibel und reagieren sehr sensibel auf Umfeldeinflüsse; unserem Genom eingeprägt aber ist die Generaltendenz, unbewußt jede sich bietende Gelegenheit zur Reproduktionsmaximierung taktisch zu nutzen. Dies ist das zwangsläufige Resultat des die biogenetische Evolution antreibenden Motors, den wir seit Darwin »natürliche Selektion« nennen und über den wir im vorangegangenen Kapitel ausführlich gesprochen haben.

Die »doppelte« Sexualmoral

Wie kommt es, daß in so vielen menschlichen Gesellschaften praktisch zwei getrennte »Welten« existieren, eine »Welt der Männer« und eine »Welt der Frauen«, die durchaus unterschiedliche Sittenkodizes besitzen können und in der Regel einem Machtgefälle vom Männlichen hin zum Weiblichen unterliegen? Meine These geht dahin, daß dieses Phänomen und die damit verbundene »doppelte Moral« eine zwangsläufige Folge von biologisch bedingten unterschiedlichen Reproduktionsstrategien beider Geschlechter ist, die aufgrund der Bisexualität unserer Fortpflanzung zu einem kooperativen Kompromiß gezwungen sind.

Unter den je gegebenen Bedingungen menschlicher Gesellschaften finden wir einen – in der Regel adaptiven – mehr oder weniger stabilen, traditionell ausbalancierten Kompromiß von miteinander konfliktträchtig konkurrierenden geschlechtsspezifischen Reproduktionsstrategien. Dieser intersexuelle Konflikt – bisweilen auch als »Krieg der Geschlechter« bezeichnet – reicht in der Stammesgeschichte der Organismen extrem weit zurück, bis zur »Erfindung« der Bisexualität, und hat im Verlauf der Evolution sehr verschiedenartige Formen und Ausmaße angenommen. Ein Geschlecht – das weibliche – hat sich zunehmend auf die Produktion einer kleineren Zahl, dafür relativ größerer, nährstoffreicher und nicht selbständig beweglicher Gameten – die Eier – spezialisiert; das andere Geschlecht – das männliche – produziert enorme Mengen kleiner, nährstoffarmer und eigenbeweglicher Gameten – die Samen oder Spermatozoen. Damit begann die folgenreiche Asymmetrie der reproduktiven Investition der beiden Geschlechter, zunächst in die einzelnen Gameten und dann in Fortsetzung sehr oft in die Aufzucht der Jungen mit teilweise erheblichem Aufwand. Bei den hochentwickelten Säugetieren hat diese Asymmetrie einen Höhepunkt erreicht:

Das Männchen produziert ungeheure Mengen von Spermatozoen, die es nach jeder Ejakulation schnell wieder regeneriert, um möglichst rasch erneut kopulieren zu können, worin oft sein einziger Beitrag zur Fortpflanzung besteht: ein minimaler Aufwand an Zeit und Energie, der es dem Männchen dann eben auch erlaubt, seinen Reproduktionserfolg durch zahlreiche Kopulationen mit möglichst vielen Weibchen zu erhöhen.

Die Investition der Weibchen hingegen besteht über die Paarung hinaus in einer energieaufwendigen Schwangerschaft und Laktationsperiode sowie in einer unterschiedlich komplizierten, oft sehr kostspieligen Fürsorge für den noch unselbständigen Nachwuchs: insgesamt ein enormer Aufwand an Zeit, physischer und psychischer Energie. Für die menschliche Frau hat das Joseph Lopreato treffend zusammengefaßt: »A woman contributes to the first full cell of the human organism a biomass investment many thousands larger than the male contribution. What is more important, for nine months she nourishes and protects the budding organism within her womb and in the process runs countless risks to her comfort, her aesthetics, and her life. She is then charged with the upbringing of the child during the crucial formative years, and is often called to do double duty and compete in the economic market.«[4]

Korrespondierend mit den unterschiedlichen Investitionen haben beide Geschlechter auch grundsätzlich unterschiedliche Reproduktionspotentiale. Ein Männchen kann um ein Vielfaches mehr genetischen Nachwuchs produzieren als ein Weibchen. Ein menschliches Beispiel: 888 Kinder soll – laut *Guinness-Buch der Rekorde* – der Herrscher Mulai Ismail von Marokko im frühen 18. Jahrhundert gezeugt haben; der im gleichen Buch verzeichnete weibliche Rekord hingegen steht bei »nur« 69 geborenen Kindern, »aufgestellt« von einer legendären Moskauerin im 18. Jahrhundert, die ausschließlich Mehrlinge zur Welt gebracht haben soll. Mehr als 20 Kinder dürften nur extrem wenige Frauen geboren haben, und sie konnten sich wohl glücklich schätzen, wenn sie davon die Hälfte erfolgreich aufziehen konnten. Kurz, die Varianz des Reproduktionserfolges ist im männlichen Geschlecht um ein Vielfaches größer als im weiblichen.

Wen mag es da wundern, wenn das männliche Geschlecht unter dem fitneßmaximierenden Druck der natürlichen Selektion ganz andere Reproduktionsstrategien entwickelt hat als das weibliche?

Da Männchen durch Vielfach-Paarungen mit möglichst vielen Weibchen ihren Reproduktionserfolg ganz erheblich steigern können, »sollte« die natürliche Selektion sie auf eine stärkere Neigung zu häufigem Geschlechtspartnerwechsel »programmiert« haben als die Weibchen, welche ihren Reproduktionserfolg ja prinzipiell durch häufigen Geschlechtspartnerwechsel nicht erhöhen können. Sie erreichen das vielmehr am effektivsten durch Verbesserung der Aufzuchtbedingungen, also durch eine Minimierung der Kindersterblichkeit und durch möglichst optimale Versorgung der Jungen, weshalb sie eher kritisch in der Auswahl ihrer Partner sein und dabei besonders auf deren Investitionspotenz und Investitionswilligkeit achten sollten. Weibchen also eher spröde-zurückhaltend und wählerisch, Männchen eher opportunistisch jede sich bietende Kopulationsgelegenheit wahrnehmend: ein altes »Klischee«, jedoch reproduktionsbiologisch begründbar und, wie wir sehen werden, folgenreich, was die »doppelte Moral« anbetrifft!

Da für Männchen die den Reproduktionserfolg limitierende »Ressource« vor allem die Zahl der »verfügbaren« fruchtbaren Weibchen ist, sollte unter Männchen ein höherer intrasexueller Konkurrenzdruck um diese »knappe Ressource« bestehen, als dies für Weibchen hinsichtlich der Zahl »verfügbarer« Männchen gilt, weil die limitierenden »Ressourcen« für den weiblichen Reproduktionserfolg zum einen in der eigenen Physiologie und zum anderen in ihren materiellen und psychischen Investitionsmöglichkeiten liegen.

Ein weiterer wichtiger Unterschied: Während jedes Weibchen absolut sicher sein kann, daß sie selbst die genetische Mutter jedes von ihr geborenen Kindes ist – dieses also prinzipiell die Hälfte ihres eigenen Genbestandes geerbt hat –, gestaltet sich die Situation für das Männchen ganz anders: Es kann nie absolut sicher sein, daß »sein« Weibchen auch ein von ihm gezeugtes Kind zur Welt bringt. Deshalb »sollten« Männchen besonders darauf bedacht sein, ihre Partnerinnen zumindest in den entscheidenden konzeptionsfähigen Phasen möglichst sorgfältig zu überwachen und, wenn möglich, gegenüber anderen Männchen zu monopolisieren, um ihre eigene Vaterschaftsgewißheit zu erhöhen; und das um so intensiver, je mehr sie zusätzlich in die Kinder »ihrer« Weibchen zu investieren haben. Für Weibchen hingegen ist dieses *»mate guarding«* nicht von derselben Bedeutung, sie »sollten« sich eher darauf konzentrieren, einen effizienten Beschützer und Investor in das Wohl ihrer Kinder nicht wieder zu verlieren, d.h., ihn möglichst intensiv an sich zu binden.

Für eine erfolgreiche Reproduktion – das bringt die bisexuelle Fortpflanzung nun einmal mit sich – müssen die beiden Geschlechter kooperieren. Da, wie wir gesehen haben, die taktischen Eigeninteressen beider Geschlechter im Hinblick auf ihre eigene Fortpflanzungsmaximierung keineswegs übereinstimmen, wird jedes Geschlecht auf seine Weise versuchen, das andere im Hinblick auf seine eigenen Päferenzen zu manipulieren, und der letztlich notwendige Kompromiß wird je nach den gegebenen »Machtverhältnissen« etwas mehr nach der einen oder der anderen Interessenseite verschoben ausbalanciert werden. Bei der überwiegenden Mehrzahl der Säugetiere läßt dieser Kompromiß eine mehr oder weniger starke Verschiebung in Richtung auf die männlichen Reproduktionsinteressen erkennen.

Umgekehrt aber erscheint es z.B. in den sog. »Staaten« der hymenopteren Insekten (Ameisen, Bienen und Wespen), eine »female world«, wie Evans[5] schreibt: Hier dominiert in der Regel ein einzelnes Weibchen (die »Königin«) das Leben der ganzen Sozietät, die ihrerseits über einen großen Teil des Jahres überhaupt nur aus Weibchen besteht, während die kurzlebigen Männchen die Rolle von »winged sperm dispersers« spielen, »that are located and then utilized by females for breeding purposes«.[6]

Das vorgestellte allgemeine Säuger-Modell läßt eine ganze Reihe plausibler und testbarer Prognosen auch zum Verständnis des reproduktionsstrategischen Verhaltens der beiden Geschlechter in menschlichen Gesellschaften zu, die zugleich auch die Erklärungsgrundlagen für die Entwicklung einer »doppelten Sexualmoral« liefern.

a) Männliche Strategien:
Die erwartete männliche Tendenz, die Zahl der weiblichen Geschlechts- bzw. Reproduktionspartner zu erhöhen, zeigt sich u.a. in folgenden Fakten:
– Nach Peter Murdocks *Ethnographic Atlas*[7] ist im Interkulturen-Vergleich die *Polygynie* (83% von 849 untersuchten menschlichen Gesellschaften) die am häufigsten als »legal« zugelassene Eheform, wobei allerdings einzuräumen ist, daß sie natürlich keineswegs allen Männern in diesen Gesellschaften wirtschaftlich möglich sein kann. Das Gegenstück, die *Polyandrie*, hingegen ist extrem selten (unter 0,5% der untersuchten Gesellschaften) und kommt überhaupt nur unter sehr speziellen ökonomischen Bedingungen vor.[8]

In *polygynen* Gesellschaften ziehen vor allem sozial hochrangige Männer mit guten wirtschaftlichen Investitionsmöglichkeiten mehr Frauen an und »monopolisieren« sie in reproduktiver Hinsicht. In solchen Gesellschaften ist dann der Konkurrenzdruck unter Männern erheblich, und wir finden hier eine besonders weite Varianz differentieller Reproduktionserfolge. So soll z.B. der oben erwähnte Mulai Ismail ständig jeweils 500 Frauen in seinem Harem gehalten haben, wobei Frauen im Alter von 30 Jahren stets durch jüngere Frauen ersetzt wurden.[9] Viele Männer »seines Volkes« werden dagegen ohne Frauen gelebt haben müssen und entsprechend extrem geringe Reproduktionschancen besessen haben.

– Auch in *monogamen* Gesellschaften (nur 16% der Gesellschaften in Murdocks *Ethnographic Atlas*) haben wohlhabende Männer in aller Regel deutlich höhere Wiederverheiratungschancen nach Verwitwung oder Scheidung als arme Männer. Die sog. *»serielle Monogamie«* oder *»sequentielle Polygynie«* erweist sich statistisch als eine den Reproduktionserfolg wohlhabender Männer deutlich steigernde »Strategie«.

– Die Neigung und Tendenz zu »opportunistischer« Wahrnehmung von Gelegenheiten zum Geschlechtspartnerwechsel ist auch nach neuesten Untersuchungen in den USA bei Männern deutlich größer und weiter verbreitet als bei Frauen.[10] Gerade in dieser Hinsicht werden Männer und Frauen in vielen Gesellschaften extrem unterschiedlich bewertet: der Mann eher positiv als »Draufgänger«, die Frau eindeutig negativ als »Hure«. Es handelt sich dabei offensichtlich um eine »doppelte Moral« im Dienste der männlichen Reproduktionsstrategie. »The double moral standard which punishes an adulteress severely while often condoning the man can be defended on biological grounds. It increases a man's reproductive potential and it might be added that those who indulge in extramarital activities are those who are the ›fittest‹ and most deserving to be biological fathers as they must possess a high degree of cunning and initiative, and often physical agility«, so argumentierte Burton.[11]

Die erwartete männliche Tendenz, Frauen reproduktiv mit restriktiven Mitteln für sich zu »monopolisieren«, findet in folgenden Fakten ihre Bestätigung:

– Die Rechte der Frau, vor allem ihre sexuelle Freiheit, wird in vielen Gesellschaften im Interesse der Vaterschaftssicherung des Ehemannes bzw. ihres männlichen »Besitzers« restriktiv beschnitten. Das tradierte »Idealbild« der Frau in patriarchalischen Gesellschaften ist die jungfräuliche Braut und treue Ehefrau (siehe auch das überlieferte Bild der »Jungfrau Maria«, das ein Symbol zugleich für keusche Asexualität und für »jungfräuliche« Mutterschaft darstellt). Weibliche Geschlechtspartnerinnen werden besonders eifersüchtig überwacht; das, was sich Männer am sehnlichsten wünschen, sind offenbar »treue« Frauen. Die sexuelle Kontrolle und Unterdrückung kann extreme Formen annehmen: von der vorgeschriebenen Verschleierung des Gesichts und der entstellenden Bedeckung des Körpers über das

Einsperren in den Serail unter Eunuchen-Bewachung oder das Aufzwingen eines Keuschheitsgürtels bis zu den physisch grausamen chirurgischen Eingriffen der Klitorisdektomie und Infibulation.

– Die »Rechtsprechung« im Hinblick auf Untreue, Verführung und Ehebruch ist weltweit in den meisten (vor allem in den patriarchalischen) Gesellschaften hinsichtlich Mann und Frau stark asymmetrisch: Untreue der Frau wird in aller Regel schärfer sanktioniert als Untreue des Mannes. Als das »rechtliche Opfer« eines Ehebruchs, einer Verführung oder Vergewaltigung wird meist der Mann angesehen, dem die betroffene Frau »gehört« (also der Ehemann, der Vater oder Bruder), ihm wird häufig das Recht zugestanden, blutige Rache zu nehmen oder sich den Brautpreis zurückerstatten zu lassen. Diese »doppelte Moral« bezüglich des Sexualverhaltens beider Geschlechter hat eine weltweite Verbreitung, und sie unterstützt eine männliche Reproduktionsstrategie im Dienste der eigenen Vaterschaftssicherung und der Vermeidung von reproduktiven Fehlinvestitionen des Mannes (in nicht von ihm gezeugte, ihm aber »unterschobene« Kinder).

– Die interkulturell vorherrschende patrilokale Wohnform (80% der verglichenen Gesellschaften) ist ein weiteres Mittel für die Beherrschung der Frauen durch die Männer. Innerhalb des eigenen Verwandtschaftsclans des Mannes ist das Sexualverhalten der angeheirateten Ehefrauen, Schwiegertöchter und Schwägerinnen, wie das der eigenen Töchter und Schwestern, besser zu kontrollieren als außerhalb. Die Töchter kann man nach ihrer Eheschließung getrost in den Clan ihres Mannes fortgeben, da ihre Kinder – egal wie, wo und mit wem gezeugt – immer ihre genetisch eigenen Kinder sind, also immer die Hälfte ihrer Gene tragen (Verwandtschaftskoeffizient $r = 0{,}5$). Die Vaterschaftssicherung des Sohnes aber ist im eigenen patrilinealen Clan besser möglich als außerhalb des eigenen Clans.

– In patriarchalischen Gesellschaften wird die Frau häufig wie eine Art »Handelsware« und/oder »Tauschobjekt« der männerbeherrschten Clans behandelt, wobei es entweder um direkten Frauentausch, um Brautpreise, um Mitgift oder »nur« um die Herstellung besserer sozialer Beziehungen zwischen den Clans geht. Der Wert einer Frau mißt sich bezeichnenderweise an ihrer Fruchtbarkeit, an der Zahl und an der »Qualität« ihrer Kinder (z.B. ob sie Jungen oder Mädchen gebiert, wobei den Jungen in den meisten traditionellen Gesellschaften ein etwas höherer Wert zugesprochen wird als den Mädchen), kurz an ihrem Reproduktionswert für den männlichen Clan. Die diskriminierende »doppelte Moral« entspringt auch hier wieder einer männlichen Reproduktionsstrategie! Und das Gegenbild, eine die Männer ausnutzende matriarchalische Gesellschaft, existiert in der Realität nicht.

b) Weibliche Strategien:

– Zunächst ein Defizit: Die »urweibliche« reproduktionsstrategische Möglichkeit einer individuellen Partnerwahl – sowohl im Hinblick auf die genetische Qualität des Partners als auch hinsichtlich seiner verfügbaren Investitionsressourcen –, das berühmte Urelement des *»female mate choice«* in Darwins Theorie der »geschlechtlichen Auslese« *(»sexual selection«)*[12], wird den Frauen in der überwiegenden Mehrzahl menschlicher Gesellschaften als individuelle Entscheidung vorenthalten. Die Wahl treffen statt dessen die Eltern, der ganze Familienclan oder sog. *»male kin coalitions«* (z.B. Brüder) vorwiegend im Sinne eines ökonomischen Handels.

– Frauen haben einen im Vergleich zu Männern erheblich stärkeren Hang zu bzw. Wunsch nach festen und verläßlichen Dauerbeziehungen. »Females, who must bear, and in the past had to feed, infants«, so betont Peter Singer, »have a stronger genetic interest in a durable relationship with a sexual partner than do males.«[13] Das belegen sogar noch neueste Untersuchungen in unserer doch so freizügigen modernen Gesellschaft.[14] Dabei müssen diese langfristigen Dauerbeziehungen nicht unbedingt monogam sein. Da Frauen ihren Reproduktionserfolg am effektivsten durch Verbesserung der Aufzuchtbedingungen ihrer Kinder erhöhen können, mag es auch in ihrem eigenen Interesse bisweilen besser sein, die zweite oder auch die dritte Ehefrau eines sehr vermögenden Mannes zu werden, als die einzige Ehefrau eines armen Mannes.

– Evolutionsbiologen sprechen der menschlichen Frau ein physiologisches Sondermerkmal zu, das sie von allen anderen Säugetieren unterscheidet: die sog. »Dauerrezeptivität« und die »verdeckte Ovulation« *(»concealment of ovulation«)*. Die meisten nichtmenschlichen Primaten-Weibchen signalisieren den Männchen durch physische oder Verhaltenssignale deutlich ihre fruchtbaren Tage innerhalb des Menstruationszyklus und sind auch nur während dieser wenigen Tage um den Eisprung rezeptiv und für die Männchen attraktiv. Die menschliche Frau hat diese *»marker«* verloren, sie »sendet« gewissermaßen über den ganzen Zyklus gleichmäßig physische »Paarungsbereitschaftssignale« aus, sie ist durchgehend rezeptiv und für Männer attraktiv, kurz, der Ovulationstermin wird gewissermaßen »verheimlicht«, er bleibt verdeckt. Braucht z. B. ein Pavian-Männchen nur während der wenigen östrischen, durch eine starke Anogenital-Schwellung markierten Tage eines Weibchens zum Zweck eigener Nachkommenproduktion mit ihr zu kopulieren und nur über diese kurze Zeitspanne – wenn möglich – männliche Konkurrenten von ihr fernzuhalten, so ist der Menschenmann über die fruchtbaren Tage seiner Frau weit weniger orientiert: Er »sollte«, um seine Vaterschaft an ihren Kindern sicherzustellen, über den ganzen Monat hin mit ihr sexuell verkehren und sie, um »Seitensprünge« ihrerseits auszuschließen, möglichst über die ganze Zeit selbst hüten oder sie verläßlich bewachen lassen. Kann man darin vielleicht einen raffinierten biologischen »Trick« des weiblichen Geschlechts erblicken, den männlichen Partner, den die Frau für eine erfolgreiche Aufzucht ihrer Kinder braucht, intensiv auf sich zu fixieren und ihn ständig an sich zu binden? Damit steigert sie zum einen die Möglichkeit, ihn ihrerseits regelmäßig für seine Unterstützung sexuell zu »belohnen«, und zum anderen erhöht sie selbst auf diese Weise sein Sicherheitsgefühl, tatsächlich der Vater ihrer Kinder zu sein, was wiederum seine Motivation, in die Aufzucht der gemeinsamen Kinder zu investieren, fraglos steigert. Kurz, die Frauen verfügen damit über ein für den eigenen Reproduktionserfolg nützliches taktisches Mittel, ihren Mann auf die Dauer »bei der Stange zu halten« und zugleich mit demselben Instrument der sexuellen Dauerattraktivität auch die Konkurrenz unter den Männern »anzuheizen«, was ihnen selbst durchgehend bessere Ausgangspositionen für die eigene (heimliche) Auswahl ihrer Sexualpartner verschaffen kann.[15]

Die jeweilige Form des erforderlichen *kooperativen Kompromisses* in der strategischen Konkurrenz der beiden Geschlechter wird entscheidend mitbestimmt von den ökologisch-ökonomischen Bedingungen und den sozialen Machtverhältnissen in den jeweiligen Gesellschaften, die ihrerseits natürlich historischen, insbesondere traditionalen Einflüssen unterliegen. Im Interkulturen-Vergleich finden wir stark überwiegend ein deutliches Machtgefälle vom Männlichen hin zum Weiblichen, und die – in der Regel das weibliche Geschlecht diskriminierende – »doppelte Sexualmoral« ist Ausfluß der biogenetischen Asymmetrie der bisexuellen Reproduktionsstrategien. Ich möchte hier ein längeres Zitat von Laura Betzig einfügen, das diese Verhältnisse treffend zusammenfaßt: »Cross culturally, men often exercise their additional height, weight, and strenght to intimidate spouses against infidelity, and to punish them, often severely, for transgressions. Broude and Greene (1976) have shown that in standard sample societies a consistent *malebiased double standard* in extramarital sex exists. Women may be least likely to tolerate such asymmetry where they have the least to gain from consorts in the form of support, including heritable support, for themselves and their descendants, and where they have the greatest number of supportive kin. Where men have the most to offer, in terms of reproductive investment, they may be in a position to demand the most from a woman: they may, for example, insist on patrilocal residence, away from her kinsmen and on patrilineal inheritance, and punish her most severely for adultery, maximally, ensuring her fidelity by keeping her cloistered and enforcing her monogamy. Gaulin and Schlegel (1980) and Flinn (1981) have shown statistically that where women and their children receive substantial proportions of support from kinsmen as opposed to husbands, they also engage more freely in adultery; they may as well be more willing to divorce.«[16]

Der »moralische Doppelstandard« selbst ist in vieler Hinsicht zu einem wirkungsvollen Machtinstrument männlicher Reproduktionsstrategien geworden. Reproduktionsstrategien – sowohl die männlichen als auch die weiblichen sowie ihr notwendiger Kompromiß – aber werden zwangsläufig nach Maßgabe ihres jeweiligen biogenetischen Reproduktionserfolges durch natürliche Selektion gefördert oder benachteiligt, geformt und letztlich den jeweiligen Bedingungen angepaßt »optimiert«. Deshalb kann Evolutionsbiologie Wichtiges zur Aufklärung von Ursachen und Bedingungen einer »doppelten Sexualmoral« beitragen.

Die »doppelte« ingroup/outgroup-Moral

Wir hatten bereits dargelegt, wie es auf der Basis der natürlichen Selektion – also von differentieller Reproduktion – zur evolutiven Entwicklung von »nepotistischen« Verwandten-Unterstützungssystemen kommen konnte. Wir hatten weiterhin gesehen, daß auch »nepotistisch-altruistisches« Verhalten bei sozial lebenden Tieren letztlich immer auf einem »genetischen Eigennutz« beruht; es kann sich via Selektion nur ausbreiten, wenn es zugleich der erfolgreichen Verbreitung der Genreplikate der Akteure dient, andernfalls würde es einer Kontraselektion unterliegen. Daher diskriminieren sozial lebende Tiere – was Kooperation, Unterstützung und »altruistische« Akte betrifft – in aller Regel sehr sorgfältig nach der jeweiligen genealogischen Verwandtschaftsnähe zu ihren Partnern (es sei denn, es gibt andere reproduktive Interessenübereinstimmungen, z.B. über die notwendige Kooperation zwischen den Geschlechtern oder über den »reziproken Altruismus«). Diese Art von »Nepotismus« gehört offensichtlich zu den besonders erfolgversprechenden Reproduktionsstrategien, wenn wir – evolutionsbiologisch richtig – die Ebene der differentiellen Vermehrung von alternativen genetischen Programmen im Auge haben. Auf dieser Basis läßt sich evolutionsbiologisch auch am besten erklären, warum nahezu alle höherentwickelten organismischen Sozialsysteme letztlich auf genealogische Familienstrukturen zurückgehen.

Auch der Mensch macht hier keine Ausnahme. Es ist gewiß kein Zufall, daß Menschen in allen Kulturen die genealogische Verwandtschaft zum zentralen Gerüst ihrer Beziehungen machen. Der »Nepotismus«, die Begünstigung von Verwandten, ist ein universal menschlicher Charakterzug.

Für unsere Moralproblematik hat das zur Folge, daß die uns evolutiv überkommene »Moral unserer Gene« auch eine »doppelte Moral« hinsichtlich verwandtschaftlicher *»insider/outsider«-Differenzierung* ist. Die enge Bindung und Begünstigung naher Verwandter wird konterkariert und zugleich bestärkt durch ein Abgrenzen von Außenstehenden, denen gegenüber man sich oft moralisch weniger oder gar nicht verpflichtet fühlt. Hier liegt ein hierarchisch abgestuftes Differenzierungsgefälle von der eigenen Familie über den eigenen Stamm, das eigene

Volk, die eigene Rasse usw. vor, wobei die jeweilige Markierung der Abgrenzung gegen »außen« – die ihrerseits taktisch verschiebbar ist – den kooperativen Binnenkreis in seinem Umfang bestimmt. Ich erinnere an das eingangs als Beispiel zitierte arabische Sprichwort: »Ich gegen meinen Bruder; ich und mein Bruder gegen unsere Vettern; ich, mein Bruder und meine Vettern gegen die, die nicht mit uns verwandt sind; ich, mein Bruder, meine Vettern und Freunde gegen unsere Feinde im Dorf; sie alle und das ganze Dorf gegen das nächste Dorf.«

Dieses diskriminierende »nepotistisch-ethnozentristische« Prinzip sah Charles Darwin schon in den »sozialen Instinkten« höherer sozial lebender Tierarten am Werke.[17] »Diese Gefühle« – er sprach dabei von »Sympathie« und dem »Wunsch, anderen zu helfen« – »und Hilfeleistungen werden aber durchaus nicht auf alle Individuen derselben Spezies ausgedehnt, sondern nur auf die derselben Gemeinschaft.« In der Tat läßt sich die stark nach *»ingroup/outgroup«*-Kriterien diskriminierende Art des sozialen Verhaltens von den Ameisen über Ratten und Wölfe bis zum Schimpansen immer wieder eindeutig nachweisen: sehr im Gegensatz zu Konrad Lorenz' im vorigen Kapitel angesprochenen Konzept eines »artumfassenden«, dem »Zwecke der Arterhaltung« dienenden, egalitären »moral-analogen Verhaltens«! Charles Darwin hielt das auch für ein Charakteristikum jener menschlichen Völker, die man seinerzeit die »Wilden« nannte, und postulierte dasselbe für den »Urmenschen«: Die »sozialen Tugenden« – so schrieb er – »werden jedoch fast ausschließlich nur innerhalb der Gemeinschaft eines Stammes gepflegt: die ihnen entgegengesetzten Gesinnungen gelten, wenn sie sich auf Menschen fremder Stämme beziehen, nicht als Verbrechen.« Oder: »Ein Wilder wagt wohl sein Leben, um das eines Stammesgenossen zu retten, bleibt aber gleichgültig gegenüber einem Fremden. Eine junge, furchtsame Mutter wird sich, vom mütterlichen Instinkt getrieben, ihrem Kinde zuliebe ohne Zögern in die größte Gefahr begeben, nicht aber eines bloßen Mitgeschöpfes wegen.« Und: »Viele Wilde bleiben äußerst gleichgültig bei den Leiden eines Fremden, ja sie freuen sich sogar daran.« Man denke hier aber auch an die eingangs zitierte grausige Darstellung Senecas über das barbarische Zuschauerverhalten der hochzivilisierten Römer bei Zirkusspielen! Für Darwin war eine der »wichtigsten Ursachen« für den seiner Meinung nach »tiefen Stand der Moralität bei den Wilden, gemessen an der unseren«, u.a. »die Einschränkung der Sympathie auf die Glieder desselben Stammes«. Daß dieses Phänomen jedoch auch tief in unserer modernen europäischen Zivilisationsgesellschaft wurzelt, hat u.a. Henry Sidgwick in seinem Buch *The Methods of Ethics* klar herausgestellt:

»Wir sind uns darüber einig, daß jeder einzelne verpflichtet ist, sich gegenüber seinen Eltern, seinem Ehegatten und seinen Kindern freundlich und hilfsbereit zu verhalten, auch gegenüber anderen Verwandten, aber in jeweils geringerem Grade, und gegenüber denen, die ihm hilfreich gewesen sind, und gegenüber anderen, die er in seinen engsten Umkreis aufgenommen hat, und gegenüber Nachbarn und Landsleuten mehr als gegenüber anderen Menschen, gegenüber den Angehörigen unserer Rasse mehr als gegenüber Schwarzen und Gelben und, allgemein, gegenüber Menschen je nach ihrer Nähe zu uns.«[18]

»Verwandten-Selektion« und *»reziproker Altruismus«*: die altvertrauten Grundstrategien der biogenetischen Fitneß-Maximierung. Soziobiologen hätten genau das prognostiziert! Demgegenüber erscheint die Verkündigung allgemein verbindlicher Menschenrechte, einer alle Völker und Rassen überspannenden »Gleichheit«, Solidarität und Brüderlichkeit in der Tat reichlich »naturfern«!

Je näher die interagierenden Individuen genetisch miteinander verwandt sind, desto wahrscheinlicher ist reproduktive Interessenkonformität, desto stärker unterstützt natürliche Selektion Kooperation und »altruistisches« Verhalten. Längere gemeinsame Gruppenzugehörigkeit fördert Vertrauen und bildet die verläßliche Grundlage für »reziproken Altruismus«, für Erwiderungsverläßlichkeit; sie verringert die Wahrscheinlichkeit von Täuschung, Lüge und Betrug. Verwandtschaft – und damit korreliert –, Vertrautheit und gemeinsame Gruppenzugehörigkeit bauen Unsicherheiten und Mißtrauen ab, mindern Konfliktpotentiale. Der jedem Sozietätsmitglied so nützliche Zusammenhalt kann intensiv gefördert werden durch weitgehend konformes Verhalten und klare Abgrenzung nach außen. Die Tendenz geht zwangsläufig in Richtung auf eine »geschlossene Gesellschaft« unter Ausgrenzung von »Fremden«. Daraus resultiert, in (je nach empfundener Bedrohung) steigender Stufung, Fremdenablehnung, Fremdendiskriminierung, Fremdenhaß, Ausgrenzung »Andersartiger«, »Devianter«, die Tendenz, andere, eben Fremde, zu diffamieren oder gar zu »dehumanisieren«, kurz, der »Ostrazismus«, der so oft in barbarischer Grausamkeit endet. Die – wie wir im ersten Kapitel gezeigt haben – evolutionsbiologisch falsche, jedoch viele biologistische Ideologien charakterisierende Vorstellung, daß ein Volk, eine Nation, eine Rasse oder auch die Spezies per se ein »selbstregulativer« Superorganismus sei, ein dem individuellen Körper eines Organismus analoges System, das »sich selbst erhält und nach Störungen dem vorherigen Gleichgewichtszustande wieder zustrebt«[19], diese Vorstellung verführt zugleich dazu, »Fremde« wie eindringende »Keime« oder »Parasiten« und von der »Norm« Abweichende, also »Deviante«, wie »Krebszellen« im eigenen »Volkskörper« zu betrachten, die natürlicherweise von einem gesunden »Immunsystem« ausgestoßen bzw. vernichtet werden. Dies war genau die Ausdrucksweise der nationalsozialistischen Propaganda, das Vokabular eines »normativen Biologismus« mit katastrophalen Folgen!

Die »Dehumanisierung« der Feinde ist ein weltweit genutztes Instrument dieser »doppelten Moral«: wer zu töten ist, muß möglichst »fremd« sein. »Auf den Molukken konnte die Kopfjagd nur von hinten vorgenommen werden. Nachdem man das Gesicht des Gegners gesehen hatte, wäre die Tötung Mord gewesen«, so schrieb Barash.[20] Dies ist eine weitere Facette der »doppelten Moral«: die moralische Bewertung des Homizids nach dem biogenetischen Prinzip von *»kin selection«*, von vertraut vs. fremd.

Aufwerten nach innen, Abwerten nach außen: das janusköpfige Phänomen der »doppelten Moral«! Es ist offensichtlich in unseren Genen angelegt als Bestandteil und Folge einer seit Jahrmillionen erfolgreichen biogenetischen Reproduktionsstrategie, genetisch Verwandten eher zu trauen als Nichtverwandten.

Die zwangsläufige Kehrseite des »Nepotismus« ist die Intergruppenfeindlichkeit. Richard Alexander schreibt: »In der Tat werden Loyalität und Patriotismus innerhalb der Gruppe als höchste Form von Moral und Tugend verehrt. Aber eben diese Art und Stärke der Moral innerhalb der Gruppe hat durch Konflikte zwischen den Gruppen auch die verheerendsten Probleme geschaffen – das müssen wir irgendwie ändern. Was wir suchen, wenn wir an Weltfrieden und weltweites Recht denken, hat es noch nie in der Geschichte des Lebens und noch weniger in der Geschichte der Menschheit gegeben. Nichts scheint zu beweisen, daß Menschen oder andere Lebewesen je den unterschiedslosen, die ganze eigene Art umfassenden Altruismus entwickelt haben, den die moralischen Modelle der Philosophie und der Religion vorschreiben.«[21]

Kurz, universale Bruderschaft widerspricht dem hier aufgezeigten biogenetischen Prinzip, daß *»ingroup*-Altruismus« mit *»outgroup«*-Feindlichkeit korreliert. Es gibt ohne Zweifel keine via natürliche Selektion gestützte bzw. geförderte moralisch-ethische Zielinstanz »Menschheit« und damit auch keine biogenetisch fundierte egalitäre universale Menschlichkeit im Sinne allumfassender Brüderlichkeit und eines weltweiten Gleichheitsprinzips. Dies zu erreichen setzt eine enorme Kulturleistung voraus, die einer ständig widerstrebenden Natur des Menschen abzutrotzen ist, und wir wissen aus bitteren historischen Erfahrungen nur zu gut um den weitgehend utopischen Charakter dieses Ideals, das anzustreben wir gleichwohl – heute wohl mehr denn je! – nicht müde werden dürfen.

... und »die Moral von der Geschicht«?

Ich habe versucht, die »Ist«-Zustände der »doppelten Moral« evolutionsbiologisch zu beschreiben und verständlich zu machen. Schon David Hume hatte 1741 mit Nachdruck betont, daß es keinen legitimen Weg gäbe, aus den »Ist«-Zuständen der Natur »Soll«-Werte menschlichen Handelns abzuleiten: man nannte das später einen »naturalistischen Trugschluß« *(»naturalistic fallacy«)*. Wenn dennoch im Verlauf unserer Geistesgeschichte immer wieder dieser Versuch unternommen wurde, so mag das entweder an der religiösen Überzeugung liegen, daß die Welt, so wie sie ist, im Prinzip »gut« sein müsse, weil Gott sie geschaffen hat, oder in der Nach-Darwin-Ära an der verhängnisvollen Zweideutigkeit der Phrase vom *»survival of the fittest«*: »›fittest‹ has a connotation of ›best‹; and about ›best‹ there hangs a moral flavour«, so hatte schon Thomas Henry Huxley diesen Fehlschluß markiert.[22]

Die Natur als sittliche Richtschnur hatte auch in der klassischen »Naturrechtslehre« eine zentrale Rolle gespielt. Hans Kelsen hat das klar formuliert: »Die Lehre vom Naturrecht behauptet, daß es eine vollkommen gerechte Regelung der menschlichen Beziehungen gibt, die von der Natur, der Natur im allgemeinen oder der Natur des Menschen als eines mit Vernunft begabten Wesens ausgeht. Natur wird als normative Autorität, als eine Art Gesetzgeber vorgestellt. Im Wege einer sorgfältigen Analyse der Natur können wir die ihr immanenten Normen finden, die das richtige und d.h. das gerechte menschliche Verhalten vorschreiben.«[23]

Auf meine Ausführungen übertragen hieße das, die in unserer Natur angelegte »doppelte Moral« zur sittlichen Richtschnur zu machen! Man mag es kaum glauben, aber der neue »rechte Biologismus« in unserem Lande tut heute genau das! Ich zitiere aus einer Buchrezension, die 1987 der »Rechts«-Rechtsanwalt Jürgen Rieger verfaßt hat:

»Was notwendig wäre, wäre die Entwicklung einer menschlichen Moral aus derjenigen, die sich in Jahrmilliarden der Geschichte der Lebewesen als erfolgreich gezeigt hat: Ingroup-Outgroup; Altruismus gegenüber der eigenen Gruppe; Verteidigung oder Gleichgültigkeit gegenüber fremden Gruppen der eigenen Art. Durch Gruppenselektion hat sich die Menschheit entwickelt, und der Stammestod wird nicht durch Atom oder Bevölkerungsexplosion programmiert, sondern durch eine vornaturwissenschaftliche Moral, die in jedem Menschen gleich welchen Erdteils den Nächsten sehen will. Das ist antievolutionistisch, wenngleich es der – in früheren Jahrhunderten allerdings mehr gepredigten als gelebten – abendländischen Ethik entspricht. Nur – auch dies wird sich, falls hier kein Umdenken erfolgt, im Sinne der Evolution erledigen.«[24]

Ich möchte dagegen klar und eindeutig betonen: Moral und Ethik bedürfen weder einer evolutionsbiologischen Legitimation, noch ist eine solche überhaupt möglich, denn die biogenetische Evolution hat keine moralische Dimension. Insofern gibt es auch keine Möglichkeit, das menschliche »Sittengesetz auf tragfähige naturwissenschaftliche Grundlagen zu stützen«, wie der Molekularbiologe Gunter Stent das einmal formulierte.[25]

Allerdings wird die Aufstellung ethischer Prinzipien vernünftigerweise auch der Natur des Menschen Rechnung tragen müssen, wenn sie nicht endgültig im Reich der platonischen Ideen angesiedelt sein, sondern sich in realisierbare moralische Normen umsetzen lassen sollen. Der Philosoph Günther Patzig formulierte das so: »Die moralischen Prinzipien mögen immerhin der reinen Vernunft abgelauscht werden; moralische Regeln für das Verhalten konkreter Menschen und Rechtsinstitutionen müssen auf die Natur des Menschen Rücksicht nehmen.«[26]

Wir können unsere via natürliche Selektion entwickelten Verhaltenstendenzen – und damit auch unseren Hang zur »doppelten Moral« – nicht einfach aus unserem Genom streichen; aber wir haben genügend Entscheidungsfreiraum und mentale Potenz, diese Tendenzen in immer neuen Anläufen zurückzustutzen, auch wenn wir davon ausgehen müssen, daß sie immer wieder in Erscheinung treten werden, wenn unsere Anstrengungen, sie zu überwinden, nachlassen.

Vielleicht ist es mir gelungen, verständlich zu machen, warum Evolutionsbiologie einen wichtigen Beitrag zur Erklärung des weltweit verbreiteten Phänomens der »doppelten Moral« leisten kann. Diese »doppelte Moral« muß unseren ethischen Prinzipien und Anforderungen gewiß unmoralisch erscheinen, und so bleibt zunächst festzuhalten, daß unsere Natur eher die »unmoralische Seite unserer Moral« unterstützt. Es gibt nach modernen evolutionsbiologischen Erkenntnissen eben nicht jene auf das »Gemeinwohl« und die egalitäre »Arterhaltung« zielenden »moral-analogen Triebe«, von denen Konrad Lorenz meinte, daß sie unserer Natur wie der Natur aller höherorganisierten sozial lebenden Tiere tief im Genom eingepflanzt seien und die von unserer menschenspezifischen »verantwortlichen Moral« eigentlich nur wieder rekonstituiert werden müßten. Die Diskrepanz dieser beiden Sichtweisen wird im folgenden Kapitel noch deutlicher hervortreten.

3
Vom Töten zum Mord

Seit Jean-Jacques Rousseau hängen Vertreter emanzipatorischer Humanwissenschaften der Idee an, daß der »natürliche« Mensch friedlich, ausgeglichen, hilfsbereit und dem Gemeinwohl dienlich, kurz, moralisch »gut« veranlagt gewesen sei und daß erst die Zivilisation, allem voran die Machtgier einzelner Despoten, Clans oder Klassen und der sozial ungerechte Kapitalismus, die Habgier und die Ungerechtigkeit, kurz, das »Unmoralische« im Menschen geweckt und geschürt haben. Egoismus, Unterdrükkung, Brutalität, Mord und Krieg seien Folgen einer sich mehr und mehr vom Naturzustand entfernenden Kulturentwicklung, und die Devise dieses Kulturpessimismus mag lauten: »Zurück zur Natur!« Wir haben gesehen, daß die »klassische« Ethologie der Lorenz-Schule nicht weit davon entfernt ist, diese Ideologie wissenschaftlich zu unterstützen. Wie Daly und Wilson konstatieren: »Die vorherrschende Ideologie in den Sozialwissenschaften kombiniert das Vorurteil, daß der Konflikt ein Übel und daß Harmonie ein Gutes sei – wohl angemessen als eine moralische Forderung, auch wenn es für die wissenschaftliche Erforschung der Gesellschaft von zweifelhaftem Wert ist –, mit einer Art ›naturalistischem Fehlschluß‹, der das Gute als etwas Natürliches und das Böse als etwas Künstliches erscheinen läßt.«[1]

In den beiden vorangegangenen Kapiteln habe ich dagegen zweierlei darzustellen versucht:

1. Unsere »Natur«, unser stammesgeschichtliches »Erbe«, enthält zwangsläufig sowohl Charakterzüge, die wir als moralisch »gut« bewerten mögen – so die Hilfsbereitschaft, den Altruismus und den Opfermut gegenüber Verwandten und Vertrauten, kurz, gegenüber uns »nahestehenden« Menschen –, als auch solche Charakterzüge, die wir als moralisch »böse« oder »schlecht« ablehnen mögen – so das Mißtrauen, die Ablehnung oder gar die Bosheit und Feindseligkeit gegenüber Fremden, Nichtverwandten und Außenstehenden. Und beide Charakterzüge sind gleichermaßen Ausfluß des einen durch die natürliche Selektion stets geförderten Prinzips des »genetischen Eigennutzes«, eines

Prinzips also, das wir moralisch wohl kaum als »gut« bewerten würden. Aus dieser gemeinsamen Wurzel entspringt sowohl der selektive Altruismus als auch die selektive Ablehnung, Abwertung und Feindlichkeit, mithin der »Nepotismus« und die »doppelte Moral«, die beide das ethische Postulat von Gleichbehandlung und Gerechtigkeit im Innersten verletzen.

2. Die Natur selbst ist jedoch moralisch absolut indifferent, der Prozeß der biogenetischen Evolution hat keine moralischen Dimensionen. Wer Natur mit moralischen Maßstäben mißt, wer aus den beobachtbaren faktischen »Ist«-Zuständen der Natur und ihrer Geschichte heraus moralische Normen legitimieren möchte, der begeht einen ungerechtfertigten Fehler, er unterliegt dem berühmten »naturalistischen Fehlschluß«. Kurz, unser Ethos kann und darf nicht der »Moral unserer Gene« entsprechen oder ihr nachgebildet werden.

Das »wirkliche Gute« und das »wirkliche Böse« kamen erst mit dem Menschen in die Welt, der mit erheblichen Freiheitsgraden und mit der daraus resultierenden Verantwortlichkeit moralische Normen setzen, sie befolgen oder auch gegen sie verstoßen kann. Daraus erwächst uns zugleich die unentrinnbare Verpflichtung, unsere Handlungen moralisch zu bewerten, was wiederum nur auf der Basis von entwickelten und akzeptierten moralischen Norm-Systemen möglich ist. Die Menschheitsgeschichte wird damit ganz zentral auch zu einer Geschichte der Entwicklung ihrer moralischen Systeme und deren Metaebene, der Ethik. Ich zitiere noch einmal Hans Mohr: »Das eigentlich Böse, die Sünde, entsteht aus der Diskrepanz von Sein und Sollen, die es in den vorfreiheitlichen Phasen der Evolution nicht gegeben hat.« Und: »Leiden und Sterben in der prähumanen Evolution sind konstitutive wertneutrale Faktoren der Evolution; vom Menschen verursachtes Leiden und Sterben ist unter keinen Umständen mehr wertneutral, sondern muß sittlich verantwortet werden; auch dann, wenn wir guten Grund haben, unsere Neigung zum Töten, Quälen und Foltern auf unsere Gene zurückzuführen.«[2]

Wie aber konnte die *moralische Dimension* über die Evolution der Hominiden, und somit durch den Mechanismus der *natürlichen Selektion* »in die Welt kommen«? Wir können das nicht genau in Erfahrung bringen und überprüfen, weil sich unsere phylogenetische Vergangenheit im nicht materiell (z.B. durch fossile Knochenfunde oder dauerhafte, künstlich hergestellte Gerätschaften) belegbaren Bereich jeder direkten empirischen Beobachtung entzieht. Wir bleiben also angewiesen auf spekulative, zugleich aber durch möglichst reichhaltige Indizien in ihrer Plausibilität gestützte Rekonstruktionen. Insbesondere kann uns der Vergleich unserer Aktivitäten mit dem Verhalten rezenter nichtmenschlicher Organismen wertvolle Hinweise liefern, wobei die weitgehend bekannten phylogenetischen Verwandtschaftsbeziehungen zentrale Beachtung verdienen.

Die Entwicklung der moralischen Dimension ist über derartige Vergleiche eindeutiger und in jedem Falle auch spektakulärer an der Entfaltung des »Bösen« als an der Vervollkommnung der »Tugendhaftigkeit« vorzustellen, und schließlich sind ja beide Seiten der Moral, das »wirklich Gute« wie das »wirklich Böse«, in klassischer Symmetrie gleichermaßen charakteristisch und zugleich spezifisch für den Menschen. Extreme bieten zudem kontrastreichere Konturen im Vergleich.

Daher meine spezielle Themenwahl für dieses Kapitel: »Vom Töten zum Mord«. Zum einen sind Mord, Sadismus, Blutrache, Hinrichtungen, Krieg, Genozid und Terrorismus wohl ebenso menschentypisch wie Symbolsprachen, Schrift, Technologie, Religionen und auf das Gemeinwohl ausgerichtete moralische Normen, und zum anderen lassen sich an den verschiedenen Formen des Homizids besonders augenfällig die Effekte der beiden schon oben dargestellten biogenetischen Elemente unseres stammesgeschichtlichen »Erbes«, der »genetische Eigennutz« und die diskriminierende Bewertung nach dem Muster der »doppelten Moral«, erkennen.

Wir wollen daher im folgenden das breite Spektrum des Tötens in seinen einzelnen Facetten und seinen vielfältigen Subkategorien im tierlichen und im menschlichen Bereich unter sachlich beschreibendem evolutionsbiologischen und dann auch unter normativ bewertendem Blickwinkel etwas genauer betrachten.

Der zunächst wohl unverfänglichste, zugleich aber auch umfassendste Begriff auf dem Felde der aktiven Destruktion des Lebens ist der des *»Tötens«* selbst. Er beschreibt einen Vorgang, wobei dessen Resultat – eben der Tod des »Opfers« – als sein Charakteristikum vorweggenommen wird. Er sagt nichts über die Eigenschaften von »Täter« und »Opfer«, nichts über Absicht, über Vorsatz oder Zufall, er bleibt insofern neutral. Er umfaßt den Unfall wie den Totschlag, den Mord und die Hinrichtung sowie alle Tötungsvorgänge im Zusammenhang mit Jagd und Krieg. Töten kann ein unbelebter Gegenstand (z.B. ein Stein) irgendein Lebewesen (gleich, ob Tier oder Mensch), töten kann ein Tier ein Tier (gleich, ob artgleich oder artverschieden), ein Tier einen Menschen, ein Mensch ein Tier oder der Mensch den Menschen. Die einzige Voraussetzung für den adäquaten Gebrauch dieses Begriffs ist, daß das Opfer ein Lebewesen ist, das vor diesem Akt noch gelebt hat.

Töten wird oft als das Resultat eines aggressiven Aktes betrachtet, obwohl dies natürlich keineswegs der Fall zu sein braucht: Dem Steinschlag, der einen Bergsteiger tötet, wird man keine aggressive Motivation unterstellen, es sei denn, man interpretiere den Vorfall als einen göttlichen Bestrafungsakt. Auch das Opfer eines tödlichen Verkehrsunfalls kann man in der Regel wohl nicht als das Opfer einer aggressiven Handlung bezeichnen, selbst dann nicht, wenn die Schuld des Unfallkontrahenten eindeutig festgestellt werden konnte. Solche Fälle werden uns im folgenden jedoch nicht beschäftigen, weil sie außerhalb unserer evolutionsbiologischen Perspektive liegen.

Womit wir uns weiterhin ausschließlich befassen wollen, sind Tötungen durch gezielte Verletzungen, die *ein Lebewesen einem anderen Lebewesen* beibringt, d.h. zum einen, daß nicht nur das »Opfer«, sondern auch der »Täter« ein Lebewesen sein muß, und zum zweiten schließe ich auf diese Weise das heikle Thema der »Selbsttötung« aus. Die Fragen nach bewußter oder unbewußter Handlung, nach Tötungsabsicht und »Vorsatz« lassen wir vorerst außer acht; sie spielen bekanntlich eine entscheidende Rolle bei der juristischen Unterscheidung von »fahrlässiger Tötung«, »Totschlag« und »Mord«. Ebenso lassen wir zunächst die moralische Schuldfrage unberücksichtigt, da sie sich ohnehin nur mit Blick auf menschliche Täter stellen läßt.

Unter evolutionsbiologischer Perspektive stellt sich die primäre Frage, zu welchen »Zwecken« und unter welchen Bedingungen *natürliche Selektion* das Töten von Lebewesen durch Lebewesen genetisch »belohnen« kann und es auf diesem Wege so variantenreich hervorbringen und verbreiten konnte.

Zwei »Zwecke«, die zugleich biologische Kontexte darstellen, erscheinen unmittelbar evident:

1. das Beutemachen zum Zwecke der Ernährung

und

2. die Konkurrenz um knappe lebenswichtige Ressourcen, seien dies Nahrungsmittel, Geschlechtspartner, sichere Ruhe- oder Brutplätze, Einzel- oder Gruppenterritorien oder für das Überleben und den Fortpflanzungserfolg wichtige soziale Rangpositionen.

Im erstgenannten Kontext gehört das Töten zwangsläufig zum erfolgreichen Akt selbst, im zweiten dagegen keineswegs; es erscheint hier sogar eher als die Ausnahme, als das (relativ seltene) Extrem bei der Ausschaltung von Konkurrenten. Leicht ist man geneigt, den erstgenannten Zweck und Kontext dem »zwischenartlichen« Bereich, den zweiten dagegen dem »innerartlichen« Bereich zuzuordnen; doch das wäre entschieden voreilig und besäße keine allgemeine Geltung: »Kannibalismus« auf der einen und zwischenartliche Ressourcen-Konkurrenz auf der anderen Seite markieren bedeutsame Abweichungen.

Beutemachen und Jagen

Wenden wir uns zunächst dem Beutemachen zum Zwecke der Ernährung zu. Die Formen carnivorer Ernährung, der Nahrungssuche, des Erbeutens bzw. Ergreifens, des Tötens und der Nahrungsaufnahme im Tierreich sind von nahezu unerschöpflichem Variantenreichtum, dessen Beschreibung Bände füllen würde. Wieviel verschiedene Methoden gibt es, Beute zu suchen und ausfindig zu machen – mittels Augen, Gehör, Geruch, Tastsinn, Radar, Wärmesinn oder elektrischer Ortung –, wieviel unterschiedliche Varianten des Auflauerns, Anschleichens, Hetzens oder des Stoßfluges beim Beuteerwerb, wieviel verschiedene Formen von Täuschung und Fallenstellerei, wieviel raffinierte Fangmethoden mittels Netz, Sandtrichter, Leuchtangel oder Lasso; wie breit ist das Spektrum von körpereigenen »Werkzeugen« für das Ergreifen, Lähmen und Töten der Beute – wie Saugnäpfe, Klebzungen, Dornen, Zähne, Hörner, Zangen, elektrische Organe –, und wie groß ist die Vielfalt der Tötungs- und

Konsumierungstaktiken durch Schlag oder Biß, durch Erdolchen, Erwürgen oder Zermalmen, durch (auf die verschiedenartigste Weise appliziertes) Gift, durch lebendiges Verschlingen oder gar durch extrakorporale Verdauung bei lebendigem Leibe.

Evolutionsbiologisch sind die solche Varianten entwickelnden ökologischen »Einnischungen« und Spezialisierungen sowie die jeweilige adaptive Vervollkommnung der entsprechenden Mechanismen, Apparate und Taktiken via natürliche Selektion ohne weiteres einsichtig. Es handelt sich um den Prozeß einer sich wechselseitig ständig vorantreibenden »Koevolution« von Räuber und Beute, von Jägern und Gejagten. Jeder Verbesserung einer Jagdmethode muß zwangsläufig via natürliche Selektion eine verbesserte Strategie des Entkommens folgen und umgekehrt. Nicht die erfolgreiche Jagd, nicht der Jagderfolg selbst, sondern die »mißglückte« Jagd, der Mißerfolg des Jägers und das selektive Entkommen der Beute ist demnach der eigentliche Motor dieser Räuber-Beute-»Koevolution«.

Ich lasse mich ungern auf den semantischen Streit ein, ob, ab wann und nach welchen Kriterien man »Beutemachen« von »Jagen« unterscheiden sollte bzw. könnte. Die Angelsachsen machen z.B. den sprachlichen Unterschied zwischen *»predating«* (Beutemachen) und *»hunting«* (Jagen), indem sie letzteres weitgehend für den Menschen und für einige Großwild erbeutende Raubtiere reservieren. Aus rein pragmatischen Gründen möchte ich hier von »Jagen« nur im Zusammenhang mit Raubvögeln, carnivoren Raubsäugern, mit Pavianen, Schimpansen und Menschen sprechen. Mit »Jagen« bezeichne ich die ganze Kette der Aktivitäten vom Auskundschaften, Orten, Verfolgen und Stellen bis zum Fangen und Töten der Beute (in Einzelfällen enthält die Kette freilich nicht alle genannten Glieder), mit Ausnahme der Konsumation der Beute.

Bei spezialisierten Raubsäugern und Raubvögeln gehören die Jagdopfer in der Regel nicht zur eigenen, sondern zu jeweils anderen Arten. Das ist im Tierreich aber keineswegs selbstverständlich, vielmehr ist der sog. »Kannibalismus« weit verbreitet. Im allgemeinen trifft das für phylogenetisch weniger »hoch entwickelte« Carnivoren-Arten viel häufiger und regelmäßiger zu als für »hochentwickelte« Räuber, doch ist – interessanterweise – das Erbeuten, Töten und Verzehren von Artgenossen gerade unter den »höchstentwickelten« Primaten, nämlich bei Schimpanse und Mensch, unter bestimmten Umständen keine Seltenheit. Wir werden darauf im Zusammenhang mit dem innerartlichen Töten und »Morden« noch näher eingehen.

Jagd also eine Art »Krieg der Arten«? Nein, gewiß nicht, wenn man dem Begriff »Krieg« das Ziel der Unterwerfung oder Ausschaltung durch Vernichtung des Gegners zuordnet. Den modernen Menschen einmal ausgenommen, hat unter normalen Umständen wohl noch keine Raubtierpopulation ihre Beutetierpopulation vernichtet und damit ausgerottet. Hier herrscht vielmehr ein sehr empfindlich reagierendes, ausbalanciertes System eines oszillierenden, sich ständig wechselseitig korrigierenden Gleichgewichts: Dezimieren die Räuber ihre spezifische Beutetierpopulation zu stark, so geht auch ihre eigene Populationsdichte zwangsläufig zurück, die Beutetierpopulation nimmt dann wieder zu und nachfolgend erneut auch wieder die Räuberpopulation. Man kennt solche »versetzten Zyklen« aus vielen und sehr verschiedenartigen Räuber-Beutetier-Beziehungen.

Eine oft gestellte Frage ist die nach etwaigen Zusammenhängen von Beutemachen bzw. Jagen und Aggressivität oder aggressiven Motivationen. Die meisten Biologen lehnen einen derartigen Zusammenhang mit plausiblen Begründungen ab. Zum einen wäre es ganz sicher falsch, den generellen Aggressivitätsgrad einer Tierart mit ihrer räuberisch-carnivoren Lebensweise in Verbindung zu bringen, denn Raubtiere sind im Umgang mit ihren Artgenossen in aller Regel keineswegs physisch aggressiver als vegetarisch lebende Tierarten (man denke etwa an Stiere, Hirsche oder Tauben). Zum andern kann man aus sorgfältigen Verhaltensbeobachtungen von Bewegungsabläufen und Ausdrucksformen deutliche Motivationsunterschiede zwischen der interspezifischen Jagd und der innerartlichen Aggression ableiten. Nach Konrad Lorenz[3] ist ein jagendes Raubtier – und sicher auch der menschliche Jäger! – weder »böse« noch »wütend« auf seine Beute. In beiden Bereichen, bei der innerartlichen Aggression und beim Beutemachen, werden übrigens nicht selten verschiedene »Waffen« eingesetzt (z. B. setzen Vipern bei innerartlichen Rivalenauseinandersetzungen ihre tödlichen Giftzähne nicht ein), und selbst der Mensch hat schon frühzeitig auch unterschiedliche Waffen für Jagd und Kampf hergestellt (z. B. die

»Streitaxt«, die für die Jagd ganz ungeeignet ist). Schließlich kann man bei einer ganzen Reihe von Tierarten für beide Bereiche unterschiedliche Aktivierungen des Nervensystems nachweisen. Eine Katze etwa, die eine Maus beschleicht, verhält sich leise und unauffällig – höchstens ihre zuckende Schwanzspitze verrät die Spannung, unter der das Tier steht – und weist kaum eine Aktivierung ihres autonomen Nervensystems auf. Ihr Angriffssprung endet mit einem gezielten Tötungsbiß in den Nacken des Opfers. Bei aggressiven Auseinandersetzungen mit einem Artgenossen hingegen ist ihr autonomes Nervensystem hochgradig aktiviert, sie äußert Drohlaute und nimmt eine auffällige Drohstellung mit gesträubten Haaren ein. Der Angriff erfolgt mit den Krallen, der Gegner wird bisweilen verletzt, nur extrem selten endet der Kampf mit tödlichem Ausgang; oft bleibt es überhaupt beim wechselseitigen Imponier-Drohen. Kurz, nur im letzteren Kontext wird man von aggressiver Motivation sprechen können.

Andere Autoren – so z.B. Hubert Markl[4] – meinen, daß das Beutemachen eines Raubtiers schon deshalb kein Aggressionsverhalten sei, weil zwischen Räuber und Beute dessen »Kennzeichen der Konkurrenz um gemeinsame Ressourcen« fehle, d.h. diese Autoren haben »aggressives Verhalten« von Anfang an so definiert, daß es überhaupt nur im Zusammenhang mit innerartlicher oder zwischenartlicher Konkurrenz um gemeinsame Ressourcen auftreten kann.

Wie dem auch sei, es geht uns hier – glücklicherweise! – nicht um das arg strapazierte Feld der »Aggressionsforschung«, sondern um das Töten in verschiedenen Kontexten und zu verschiedenen Zwecken.

So klar und eindeutig offenbar die motivationale Unterscheidung von Jagdverhalten und aggressivem Verhalten bei den spezialisierten carnivoren Raubtieren ist, bei höheren Primaten, wie bei Pavianen, vor allem aber beim Schimpansen und wohl auch in der frühen Menschheitsgeschichte erscheint eine derart strikte Trennung dieser beiden Emotionsbereiche doch eher fragwürdig. Ohne Zweifel stammen wir phylogenetisch nicht aus einem carnivoren Verwandtschaftsfeld; spezialisierte Raubtiere hat es unter den Primaten nie gegeben. Wollen wir uns – mit aller Vorsicht natürlich – eine Vorstellung von den Anfängen des Jagens in unserer Stammesgeschichte machen, so lohnt sich ein Blick auf das Beutemachen und »Jagdverhalten« des Schimpansen (von den anderen Menschenaffen sind carnivore Tendenzen in freier Wildbahn nicht bekannt!).

Ich möchte hier einige Merkmale hervorheben, die – so meine ich – das Beutemachen oder Jagen des Schimpansen deutlich vom Beutemachen oder Jagen spezialisierter carnivorer Raubsäuger unterscheiden, wobei schon generell zu beachten ist, daß Schimpansen ebensowenig wie wir über »jagdspezifische« Anpassungen im Körperbau und im genetisch determinierten Verhalten verfügen.

1. Schimpansen setzen keinen gezielten Tötungsbiß, sie töten ihre Beute auf sehr unterschiedliche Weise, durch Schlagen gegen Baumstämme oder Felsen, durch Zerschmettern am Boden, durch Zerreißen des Körpers, durch Beißen in unterschiedliche Körperregionen oder schließlich durch Fressen bei lebendigem Leibe. Der Tod des Opfers ist oft ein sehr langwieriger und schmerzhafter Vorgang. Nach Adriaan Kortlandt erinnern diese Tötungsmethoden eher an »brutalen Mord« als an die gezielte, möglichst schnelle Tötungsart von spezialisierten Raubtieren.[5]

2. Schimpansen zeigen beim Beutemachen im Unterschied zu carnivoren Spezialisten (z.B. Raubkatzen) durchaus auch aggressives Ausdrucksverhalten (wie aufgerichtetes Schulter- und Nackenhaar), das zumindest eine aggressive Motivationskomponente erkennen läßt. Eibl-Eibesfeldt sprach geradezu von »Beute-Aggression«.[6]

3. Das »Jagen« gerät bei Schimpansen nicht selten zu einem spektakulären sozialen Ereignis, insbesondere wenn die Jagdbeute Primaten sind. Schon beim Erblicken von Colobus-Affen etwa, so schreibt Jane Goodall, »sometimes they grin, utter small sounds (grunts or squeaks), and reach out to touch or embrace one another – behavior that is almost always followed by hunting«.[7] Die wechselseitige Aufforderung zur Kooperation, das nachfolgende Anpirschen, das Verfolgen, das Ergreifen und Töten der Beute erweckt einen hohen Grad gespannter Aufmerksamkeit des gesamten sozialen Umfeldes, absolute Stille herrscht während des ansteckend kooperativen »Anschleichens«, die geradezu explodiert und in hohe soziale Erregung

– Jane Goodall spricht von »intense excitement« – umschlägt, wenn die Beute ergriffen ist. Soziales »Jagen« dieser Art ist vorwiegend (nach C. Boesch im Tai-Reservat der Elfenbeinküste zu 91%[8]) unter Männchen beobachtet worden, die aus dem Töten der Beute sodann nicht selten eine »Imponier-Veranstaltung« mit deutlichem »Prestige«-Charakter machen: sie zelebrieren gewissermaßen eine Art von »Terror-imponieren« (Eibl-Eibesfeldt)[9], das auf die gebannt zuschauenden, sozial untergeordneten Gruppengenossen einen »Intimidations-Effekt« (Kortlandt)[10] ausübt.

4. Auch aus dem sich in der Regel über viele Stunden hinziehenden Vorgang des Konsumierens, des Abgebens und Verteilens des Kadavers wird ein hochgradig soziales Ereignis. Das Abgeben von Fleisch oder ganzen Körperteilen erfolgt seitens des jeweiligen »Besitzers« zumeist nur nach ausgiebigem Bettelverhalten der »Nichtbesitzenden«; selbst Ranghöhere treten dabei als »Bittsteller« auf. Das Geschlecht, der reproduktionsphysiologische Zustand der Weibchen, die Verwandtschaftsbeziehungen und Kumpanei, das alles spielt eine Rolle im Hinblick auf das jeweilige Verteilungsmuster von Jagdbeute in der Sozietät.[11]

5. Die Grenzen zwischen Beutetier, Artgenossen und Sozialpartnern scheinen unschärfer als bei allen spezialisierten Raubsäugern, der Umgang mit bestimmten Beutetieren läßt bisweilen durchaus ambivalente Motivationen erkennen. Es ist in diesem Zusammenhang schon interessant, daß Primaten 62,4% der Jagdbeute der Schimpansen im Gombe-Reservat (Tansania) bildeten.[12]

a. Die im Gombe-Reservat relativ häufig erbeuteten Paviane waren bei anderen Gelegenheiten sogar Spiel- oder Fellpflegepartner von jungen Schimpansen (auch Aufreiten ist beobachtet worden!), also durchaus Sozialpartner, Kortlandt spricht von »semi-conspecifics«; hier verwischt offenbar zeitweise die Grenze zum innerartlichen Sozialkontakt.

b. In gleicher Manier wie andere Affen werden gelegentlich auch kleine Schimpansenkinder, also echte Artgenossen, erbeutet – es muß sich dabei allerdings (mit Ausnahme von einzelnen später noch zu erwähnenden Fällen) offensichtlich um Gruppenfremde handeln, was die im vorangegangenen Kapitel besprochene *»Ingroup-outgroup«*-Diskriminierung bestätigt – und auf ähnlich »grausame« Art getötet (vorwiegend unter adulten Männern), verteilt und gefressen (bzw. angefressen). Dabei ist mehrfach ein ambivalent zwischen »Grausamkeit« und »Zärtlichkeit« wechselndes Verhalten beobachtet worden: Das noch lebende, aber bereits angefressene, oder auch das schon längst tote Opfer wurde von seinen »kannibalischen Tötern« zwischenzeitlich gestreichelt bzw. einer kurzen Fellpflege unterzogen.

Aus guten Gründen schreiben Goodall et al.: »Often it has been suggested that we should consider the behavioral and motivational mechanisms of hunting in a completely separate category from aggressive intraspecific interactions: the above observations suggest that, in some instances, similar motivational factors may be involved.«[13]

Aus welchen Quellen speist sich wohl entwicklungsgeschichtlich die Motivation zum Beutemachen bzw. Jagen bei Schimpansen? Die Mehrzahl der Schimpansen-Kenner scheint sich darin einig zu sein, daß dies nicht wie bei den spezialisiert-carnivoren Raubtieren allein die ernährungsphysiologisch unausweichliche Notwendigkeit des Fleischessens sein kann; die auffallend aggressiven und erregenden Komponenten lassen vielmehr wohl auch an eine soziale und somit primär innerartliche Wurzel denken. Eibl-Eibesfeldt sagt geradeheraus: »Seiner Motivation nach ist das Beutefangverhalten der Schimpansen wahrscheinlich von der innerartlichen Aggression abgeleitet worden.«[14] Hat hier Jagd tatsächlich etwas mit der innerartlichen Aggression, mit Artgenossentötung oder gar schon mit »Mord« und »Krieg« zu tun? Wir werden diese Fragen später wieder aufgreifen müssen. Und wenn das schon beim Schimpansen so ist, wie sah das wohl beim sogenannten »Urmenschen«, also bei unseren eigenen Vorfahren in der frühhominiden Entwicklungsphase aus?

In Übereinstimmung mit einer Reihe anderer Primatologen[15] meine ich, daß die primäre und zunächst entscheidende Triebfeder für die enorme Steigerung der kognitiv-intellektuellen Fähigkeiten in der Primaten-Evolution das soziale Feld gewesen ist und daß die dort entwickelten Potenzen erst sekundär und auf bereits recht weit fortgeschrittenem Differenzierungsniveau in den »ausnutzenden Umgang« mit der nichtsozialen dinglichen Umwelt übertragen wurden, eine Funktionserweiterung und

Funktionsübertragung, die dann ganz besonders die spezifisch menschliche Entwicklungslinie kennzeichnet. Vorausschauendes – die möglichen Folgen jeweils antizipierendes – Handeln, Planen nach zuvor einkalkulierten Wahrscheinlichkeiten des Effektes eigener Aktionen unter Einbeziehung komplexer und dynamisch wechselnder Situationen bzw. Konfigurationen, distanzierte Kontrolle des eigenen emotionalen Spontanverhaltens – das alles sind ja gerade die in zahlreichen Laborexperimenten immer wieder nachgewiesenen besonderen Primaten-Qualitäten. Genau diese Eigenschaften und Fähigkeiten sind es, die gleichermaßen entscheidende Voraussetzungen für die Entwicklung komplizierter sozialer Strategien und Taktiken wie für die zielgerichtete und adäquate materielle Werkzeug- und Geräteherstellung abgeben. Unbestritten ist, daß nichtmenschliche Primaten kognitiv-intellektuell und damit strategisch im sozialen Feld viel mehr leisten, als aus den vergleichsweise spärlichen Belegen für »materielle Werkzeugbenutzung« unter ihren natürlichen Lebensbedingungen je abzuschätzen gewesen wäre. In der frühen Hominiden-Evolution bedurfte es eigentlich zunächst nur einer Übertragung dieser erstaunlichen Fähigkeiten vom sozialen in das »technologische« Feld.

»Katalysator« für diesen »Transfer« der kognitiv-intellektuellen Fähigkeiten vom sozialen in das »nichtsoziale« Feld könnte meines Erachtens in der frühen Hominiden-Evolution sehr wohl die Ausweitung des Ernährungsspektrums mit einer zunehmenden Gewichtsverlagerung auf tierisches Eiweiß (Fleisch) und die damit verbundene Notwendigkeit zur Entwicklung effektiver Jagdformen gewesen sein. Das Beutetier als ein »Fast-Sozialpartner« könnte hier die »Katalysator«-Rolle spielen; darauf deuten nicht nur die bereits erwähnten Beobachtungen zum »Jagdverhalten« von Schimpansen gegenüber Pavianen und Colobus-Affen hin, sondern auch die in so vielen magischen Ritualen zum Ausdruck kommenden imaginären »Projektionen« des menschlichen Jägers in das begehrte Beutetier, die nicht nur aus den jungpaläolithischen Höhlenmalereien, sondern auch vom »Jagdzauber« rezenter »Jäger-Sammler«-Völker bekannt sind. Durch das »Sicheinfühlen«, durch Empathie also, wird die potentielle Beute kalkulierbar und in gewissen Grenzen vielleicht sogar manipulierbar wie ein echter Sozialpartner. Damit lassen sich die bereits hochentwickelten Fähigkeiten und strategisch-taktischen Konzepte aus dem sozialen Feld einsetzen und somit allmählich in das »außersoziale« Feld übertragen. Der Einsatz dieses bereits vorgegebenen differenzierten sozialen Instrumentariums in den neuen Funktionskreis der Jagd könnte vielleicht auch verständlich machen, warum und wie die frühen Hominiden sich offensichtlich auf Anhieb in der vorgefundenen hochspezialisierten Carnivoren-Szene (Löwen, Leoparden, Hyänen, Hyänenhunde usw.) behaupten und sehr schnell als aller Konkurrenz überlegen durchsetzen konnten. Ihnen war damit wohl der geniale Trick gelungen, ihre Konkurrenz zu überholen, ohne sie erst mühsam und langwierig durch genetische Anpassung einholen zu müssen, was wohl gar nicht möglich gewesen wäre. Mir scheint die Spekulation plausibel, daß dies der erste und vielleicht entscheidende Schritt der Übertragung der originär im sozialen Feld entstandenen kognitiv-intellektuellen Potenzen über eine »fast-soziale« in eine »außersoziale« Welt gewesen sein könnte. Nach Humphrey bestand die Aufgabe vor allem darin, »to try to fit non-social material into a social mould«.[16] In diesem »außersozialen« Feld der Jagd wurde es dann sehr wichtig, sich seiner intellektuellen Fähigkeiten so schnell wie möglich auch auf dem »technologischen« Sektor der materiellen Werkzeugherstellung zu bedienen, was hier – wie Hans Kummer[17] meint – um so unbehinderter und somit schneller vonstatten ging, als das materielle Feld weniger mit Emotionen befrachtet war als das soziale Feld und somit die produktive Distanziertheit eher beförderte. Damit wurde das »außersoziale« Umfeld von Jagd, Nahrungsgewinnung und Nahrungszubereitung wohl der initiale Motor für den dann zunehmend schneller verlaufenden Prozeß der »technisch-ökonomischen Aneignung der Natur durch den Menschen«, wie Karl Marx die Menschheitsgeschichte charakterisierte. Doch sind das alles natürlich unbewiesene Spekulationen.

Erst ziemlich spät in der Menschheitsgeschichte scheint die Jagd, die offenbar emotional immer etwas mehr war als eine reine Technik des Beutemachens, zu etwas geworden zu sein, das man auch emotional nüchtern und »kalt bis ans Herz« betreiben kann. Eine stark vom prospektiven Beutetier distanzierende Technologie war wohl Voraussetzung für diese Entwicklung. Leidenschaftliche Jäger aber werden das auch heute noch ganz anders empfinden; für sie scheint (zumindest) das Großwild nach wie vor noch gewisse Züge eines Sozialpartners zu besitzen, demgegenüber auch so etwas wie die Verpflichtung zur Fairneß empfunden wird. Dagegen ist die hochgradig ritualisierte »Fuchsjagd« der Reiter ein Beispiel dafür, wie weit sich das »Jagen« in der modernen Menschheitsgeschichte von seinen ursprünglichen Zwecken entfernt und unabhängig gemacht haben kann.

Hochgradig ritualisiert und zusätzlich mit unterschiedlichem religiösen Sinn befrachtet sind auch die von den Ethnologen aus vielen Teilen der Welt beschriebenen Formen des »Kannibalismus« und der »Kopfjägerei« beim Menschen. Sie dienen in aller Regel nicht einfach der Befriedigung von Nahrungsbedürfnissen, doch kommt auch das in extremen Notlagen beim Menschen vor, wie Berichte aus der Seefahrt und aus Gefangenenlagern bestätigen. Selbst in diesen Fällen gelten jedoch – sofern hier überhaupt noch moralische Normen greifen können – nahe Blutsverwandte als tabu, was sowohl an das zuvor geschilderte Schimpansenverhalten als auch an die im Kapitel über die »doppelte Moral« aufgezeigten evolutionsbiologischen Prinzipien erinnert. Sonst findet man unter hochentwickelten sozial lebenden Wirbeltieren – mit Ausnahme einzelner carnivorer Säugetiere und Vögel in besonderen »Infantizid«-Situationen, auf die wir noch zu sprechen kommen werden – keinen »Kannibalismus«, während das bei den sogenannten »niederen Tieren« in verschiedener Form (z.B. kleinere Artgenossen werden von größeren gefressen, oder ein Weibchen verspeist nach der Kopulation das Männchen) weit verbreitet ist.

Im allgemeinen erfolgt das Töten von Artgenossen bei den »höheren« Wirbeltieren, den Vögeln und Säugetieren, aus anderen Gründen, nämlich im Kontext von Konkurrenz um knappe lebenswichtige Ressourcen, und das viel häufiger, als dies von Anhängern einer »natürlichen arterhaltenden Moral« vermutet wurde und auch akzeptiert werden mochte. Auch hier liegt wissenschaftlicher Konfliktstoff.

Konkurrenz um knappe Ressourcen

Darf denn das Töten von Artgenossen unter natürlichen Bedingungen überhaupt als ein »normaler« Vorgang betrachtet werden? »Das Töten von Artgenossen bei Tier und Mensch« nannte z.B. Konrad Lorenz[18] »im Sinne der Arterhaltung höchst unzweckmäßig«, und wir haben oben schon ausführlich erläutert, daß die »klassische« Ethologie in der biologischen Spezies gewissermaßen ein selbstregulatives System, einen Organismus höherer Ordnung erblickte, auf dessen Selbsterhaltung und Anpassungsoptimierung die »natürliche Selektion« hinarbeite. »Adaptiv« und »normal« ist unter dieser Prämisse jedes Verhalten, das der »Arterhaltung« dient und nutzt, wohingegen zwangsläufig jedes Verhalten, das für die Arterhaltung schädlich oder »unzweckmäßig« ist – wie eben das Töten von Artgenossen – als »maladaptiv«, »abnorm« oder »deviant« zu gelten hat. Sollte unter natürlichen Bedingungen überhaupt »artschädigendes« Verhalten vorkommen, so wohl nur deshalb, weil auch die im Dienste der »arterhaltenden Zweckmäßigkeit« stehende natürliche Gegenselektion nicht ganz verhindern kann, daß ein gewisser, in der Regel sehr niedriger Prozentsatz »devianter« Varianten immer wieder spontan (z.B. als Mutation) neu entsteht, gegen die jedoch unter »natürlichen« Bedingungen ständig eine Kontraselektion am Werk sei. Entsprechend habe es auch als »normal« zu gelten, daß sich Artgenossen trotz der Entwicklung einer teilweise erheblichen und an sich in vieler Hinsicht wiederum »artdienlichen« Aggressivität untereinander in der Regel *nicht* töten. »Ziel der innerartlichen Aggression ist niemals die Vernichtung des Artgenossen«, schrieb Konrad Lorenz.[19] Tod bei innerartlichen Auseinandersetzungen könne man unter natürlichen und normalen Verhältnissen eher der Kategorie »Unfall« zuordnen. Lorenz postulierte – auch davon war oben schon die Rede – im innerartlichen Bereich bei höherentwickelten sozial lebenden Tieren ein »angeborenes moral-analoges« Triebverhalten, analog zu unserem biblischen Gebot: »Du sollst nicht töten!« Wer aber vollbringt »die schier unmögliche Leistung, die intraspezifische Aggression in allen die Arterhaltung ernstlich schädigenden Auswirkungen zu verhindern, ohne dabei ihre für die Arterhaltung unentbehrlichen Funktionen auszuschalten«? Die natürliche Selektion habe dafür bei sozialen Tieren mit gefährlichen körpereigenen Waffen angeborene innerartliche »Tötungshemmungen« entwickelt, »die Tieren ein selbstloses, auf das Wohl der Gemeinschaft abzielendes Verhalten aufzwingen, wie es uns Menschen durch das moralische Gesetz in uns befohlen wird«.[20] Die »ritualisierte« Kampfesweise (der »Kommentkampf«, auf den wir noch zu sprechen kommen werden), die aggressionshemmenden Mechanismen von »Demutshaltung« oder »Demutsgebärden« und des an Hilfsbereitschaft appellierenden »Kindchenschemas« verhindern in aller Regel die Tötung von Artgenossen. »Die arterhaltende Zweckmäßigkeit eines solchen Hemmungsmechanismus ist ebenso offensichtlich wie die Unzweckmäßigkeit des Umbringens von Artgenossen«, konstatiert Konrad Lorenz.[21] Aus Gründen der »arterhaltenden Zweckmäßigkeit« schöpft also das stärkere Individuum seine Möglichkeiten, den Eigenvorteil auf Kosten des Unterlegenen zu maximieren, offensichtlich nicht aus, es zeigt »moralanaloges«, »altruistisches Verhalten im Dienste der Arterhaltung«.

Die moderne Evolutionsbiologie – wir haben das bereits gesehen – widerspricht diesem Gedankengebäude prinzipiell. Ich fasse die für uns hier wichtigen Gesichtspunkte noch einmal kurz zusammen. Der die biologische Evolution (und damit den biogenetischen Reproduktionswettlauf) letztlich antreibende Mechanismus heißt Konkurrenz, *interindividuelle Konkurrenz* zwischen Artgenossen um möglichst gute Reproduktionschancen unter den mit steigender Populationsdichte zwangsläufig ungünstiger werdenden Bedingungen einer Ressourcenverknappung. Unter den Bedingungen knapper, lebenswichtiger Ressourcen, seien dies nun Nahrungsmittel, sichere Nist- und Brutplätze oder – für den Reproduktionserfolg sich bisexuell fortpflanzender Organismen von zentraler Bedeutung – der Zugang zu Geschlechtspartnern, muß sich die individuelle Erfolgsrate der eigenen Reproduktion verringern. Die Beschränkung des Reproduktionserfolges erfolgt jedoch nicht egalitär; vielmehr werden diejenigen Mitglieder der Population, welche eine unter den je gegebenen Bedingungen besser angepaßte (adaptive) Reproduktionsstrategie betreiben, im Durchschnitt von dieser Reduktion weniger betroffen sein als Populationsmitglieder mit weniger effektiven Reproduktionsstrategien. Das Resultat ist ein unter den Individuen der Population inegalitär verteilter unterschiedlicher Reproduktionserfolg, und darin dokumentiert sich eben das Phänomen der »natürlichen Selektion« im Sinne Darwins. Natürliche Selektion arbeitet also über differentiellen Reproduktionserfolg von individuellen Populationsmitgliedern, und das ist zugleich der unbestreitbare Grund, weshalb alle Organismen (*Homo sapiens* eingeschlossen) via natürliche Selektion seit Jahrmilliarden programmiert sind, mit ihren je benachbarten Artgenossen um einen relativ höheren Reproduktionserfolg zu konkurrieren. »Nutznießer« dieses Prozesses ist primär also nicht die Art, aber auch nicht das mit seinen Nachbarn erfolgreich konkurrierende Individuum selbst, sondern es sind dessen weitergegebene genetische Programme (Gene, Allele), die eine proportional höhere Vermehrungsrate innerhalb der Population gewonnen haben als die Allele von unterlegenen oder weniger erfolgreichen Konkurrenten. Da jedoch Kopien bzw. Replikate der eigenen Allele nicht nur in den eigenen direkten Nachfahren stecken, sondern mit kalkulierbarer Wahrscheinlichkeit auch in anderen Blutsverwandten nach Maßgabe ihrer Verwandtschaftsnähe, wird die natürliche Selektion zwangsläufig auch solche Verhaltensstrategien von Organismen »belohnen«, die jeweils nahen genealogischen Verwandten zu erhöhtem Reproduktionserfolg verhelfen. Entsprechend reden Evolutionsbiologen nicht nur von der *»persönlichen Fitneß«* eines individuellen Organismus, sondern auch von seiner *»Gesamtfitneß« (»inclusive fitness«),* die wiederum gemessen wird am eigenen individuellen Reproduktionserfolg plus dem Reproduktionserfolg seiner genealogischen Verwandten nach Maßgabe ihrer Verwandtschaftsnähe zu diesem Individuum.

»Adaptiv« ist in dieser Perspektive demnach jede Eigenschaft und jedes Verhalten, das der Verbesserung der »Gesamtfitneß« eines Individuums dient. »Artdienlichkeit« oder der »Zweck der Arterhaltung« spielen dabei überhaupt keine Rolle.

Das Töten von Artgenossen ist also keineswegs schon deshalb »maladaptiv«, »abnorm« oder »deviant«, weil es der Arterhaltung schadet, es ist – im Gegenteil – so lange durchaus »adaptiv«, »normal« und überhaupt nicht »deviant«, wie es die »Gesamtfitneß« des agierenden Individuums fördert, und nur dann »maladaptiv«, wenn es der »Gesamtfitneß« des agierenden Individuums schadet: und erst dagegen würde natürliche Selektion zwangsläufig angehen, weil eben die entsprechenden genetischen Programme im Konkurrenzwettlauf der Reproduktion unterliegen müßten. Dies alles hat – ich betone das immer wieder – überhaupt nichts mit einer »moralischen Legitimation« zu tun! Töten oder Nichttöten im innerartlichen Bereich ist also bei Tieren nicht – wie Konrad Lorenz und seine ethologischen Gefolgsleute annahmen – eine Frage von Artschädigung versus Artdienlichkeit (und im Falle des scheinbar »moral-analogen« Verzichtens auf das Töten eines Artgenossen auch überhaupt kein uneigennützig oder selbstlos altruistisches Verhalten!), sondern einzig eine Frage der eigenen »Gesamtfitneß«-Maximierung des Individuums und damit ein prinzipiell genetisch »eigennütziges« Verhalten. In volkstümlicher Ausdrucksweise haben Tiger und Fox diese primäre Eigennützigkeit von Organismen so wiedergegeben: »Der normale Jungpavian, beherrscht von einem urtümlichen Herrsch- und Paarungstrieb, interessiert sich nicht sonderlich für die Zukunft seiner Art und würde nichts unversucht lassen, um sich die ungeliebten und tyrannischen Alttiere zu unterwerfen.«[22] Er würde, wenn es seiner »Gesamtfitneß« tatsächlich nützte, auch vor dem Töten nicht »zurückschrecken«; genau das werden wir noch sehen.

Alle diese Aussagen stellen jedoch nicht die Verhaltensbeobachtungen von Konrad Lorenz und vielen anderen Ethologen in Frage, die deutlich zeigen, daß es bestimmte Verhaltensmuster (wie Submissionssignale verschiedener Art oder »infantiles Verhalten«) gibt, die unter bestimmten Umständen und bei bestimmten Arten in aller Regel verhindern, daß ein überlegener seinen unterlegenen Kontrahenten ernsthaft verletzt oder gar tötet, selbst wenn er das für sich gefahrlos tun könnte. Solche Beobachtungen sind meistens durchaus zutreffend, nur wirken diese »Hemm-Mechanismen« – zumindest bei höheren sozial lebenden Wirbeltieren – zumeist nicht universal und egalitär gegenüber allen Artgenossen, sondern nur gegenüber bestimmten Artgenossen und oft auch nur unter bestimmten Bedingungen. Die bereits oben erläuterte *»Verwandtschafts-Selektion« (»kin selection«)* spielt hier eine besonders wichtige Rolle. Schon Charles Darwin hatte festgestellt, daß »Hilfeleistungen« verschiedener

Art »durchaus nicht auf alle Individuen derselben Spezies ausgedehnt (werden), sondern nur auf die derselben Gemeinschaft«.[23] Und sogar bei Konrad Lorenz[24] findet man Nico Tinbergens[25] Beobachtung über die begrenzte Wirkung des aggressionshemmenden »infantilen« Verhaltens zitiert: »Bei grönländischen Eskimohunden beschränkt sich diese Hemmung, wie Tinbergen beobachtete, auf die Junghunde des eigenen Rudels, und eine Hemmung, fremde Junge zu beißen, besteht nicht; möglicherweise ist dies bei Wölfen ebenso.« Das trifft, wie man heute durch genaue Beobachtungen weiß, für viele sozial lebende Wirbeltiere zu. Entscheidend für unsere Erörterungen ist, daß alle diese scheinbar im »Arterhaltungsinteresse« entstandenen Verhaltensmuster und ihre aggressionshemmenden Wirkungen keiner »moral-analogen« Erklärung durch das Prinzip »Arterhaltung« bedürfen; sie lassen sich vielmehr alle evolutionsbiologisch einfacher und ohne (nicht mit der Theorie der natürlichen Selektion konforme) Zusatzhypothesen, allein auf der Basis des Prinzips des *»genetischen Eigennutzes«,* von *»Verwandtschafts-Selektion«* und *»reziprokem Altruismus«* erklären, wofür wir noch Beispiele kennenlernen werden.

Betrachten wir also zunächst – streng an der Theorie der »natürlichen Selektion« orientiert – das Töten von Artgenossen als einen normalen Vorgang im mehr oder weniger weiten Rahmen von reproduktionsstrategischen Maßnahmen, so fallen vor allem zwei Bereiche auf: das Töten in Konfliktsituationen unter Rivalen und das selektive Töten von Nachwuchs (Infantizid, Fetozid). Beides wollen wir uns bei Tieren und Menschen unter evolutionsbiologischen Gesichtspunkten etwas genauer anschauen.

Das Töten von Rivalen in Konfliktsituationen

Schon Darwin betonte: »Da die Individuen derselben Art immer am meisten miteinander in Wettbewerb treten, so ist gewöhnlich auch zwischen ihnen der Kampf am heftigsten.«[26] Kampf ums Überleben und Kampf um Reproduktion haben in jeder Hinsicht die ähnlichsten Ansprüche und daher auch das höchste Konfliktpotential. Interindividuelle Konfliktstoffe sind vor allem knappe, lebenswichtige und/oder besonders beliebte Nahrungsmittel, sichere Brutplätze, ressourcenreiche Einzelreviere, Zugang zu begehrten Geschlechtspartnern und hochrangiger sozialer Status. In der Regel ist zu erwarten, daß in innerartlichen Konkurrenzsituationen die Heftigkeit der Auseinandersetzung, also auch eines eventuell erforderlichen Kampfes, um so risikoreicher und gefährlicher wird, je knapper die begehrte Ressource ist, um die konkurriert wird, und je mehr ihr Gewinn zur biogenetischen Fitneß-Steigerung beiträgt. Ganz besonders intensiv und risikoreich sind daher unter Säugetieren die Rivalenkämpfe der Männchen um die für sie die Grenzen setzende »Reproduktionsressource«, nämlich um fruchtbare Weibchen. Das dies beim Menschen nicht anders ist, läßt sich mit vielen Zitaten belegen und mit statistischen Daten von sogenannten »Naturvölkern« bis in die industrielle Großstadt, vom Altertum bis in die Gegenwart nachweisen. Schon Konfuzius konstatierte: »Unfrieden kommt nicht vom Himmel, sondern wird durch Frauen hervorgebracht«, und Darwin schreibt: »With savages ... the women are the constant cause of war both between members of the same tribe and between distinct tribes.«[27] In einem jüngst erschienenen Buch haben Daly und Wilson anhand von sorgfältig analysierten Statistiken aus mehreren Großstädten der USA und aus Kanada sowie aus der reichen ethnologischen Literatur und aus einzelnen historischen Studien aufgezeigt und nachgewiesen, in welch überproportionalem Maß Homizide weltweit im Kontext von sexueller Rivalität, und dabei insbesondere von Männern begangen, vorkommen.[28] Hier erscheint es übrigens als eine menschliche Spezialität, daß Männer nicht nur ihre männlichen Rivalen umbringen, sondern durchaus nicht selten auch die Frau, die sie an einen Rivalen verloren haben oder verloren zu haben glauben!

Bei einer ganzen Reihe unterschiedlicher Tierarten ist nun das Risiko des Todes im Verlauf derartiger Rivalenauseinandersetzungen durch (angeborene) »ritualisierte« Kampfformen abgemindert oder sogar weitgehend verhindert. Ich erinnere an die schon mehrfach erwähnten »Kommentkämpfe«, die weitgehend sicherstellen, daß z.B. der Angriff erst dann erfolgt, wenn der Gegner vorbereitet ist, daß in der Regel die wirklich lebensgefährlichen Waffen nicht oder nicht in tödlicher Weise eingesetzt werden und daß ein submissives Signal, eine sog. »Demutsgebärde« den Sieger über eine dadurch ausgelöste »Tötungshemmung« am tödlichen Stoß oder Biß hindert. Das überlegene Individuum nutzt dann also seine momentane Möglichkeit, den Eigenvorteil auf Kosten des Unterlegenen zu maximieren, nicht voll aus. Schließlich kann der durch diesen »Gnadenakt« überlebende Rivale ja später – vielleicht unter für ihn dann erheblich günstigeren Bedingungen – wieder gegen den »Altruisten« antreten. Ich erinnere noch einmal daran, daß Konrad Lorenz und die »klassische« Ethologie diesen »Gnadenakt« als »altruistisches Verhalten im Dienste der Arterhaltung« interpretiert und es der Kategorie des »moral-analogen« Verhaltens von Tieren zugeordnet haben.

Spieltheoretische Modelle haben demgegenüber nachgewiesen, daß diese »Kommentkämpfe« (einschließlich der »Tötungshemmung«) ohne jeden – wie wir gesehen haben, evolutionsbiologisch ohnehin nicht haltbaren – Rückgriff auf »moral-analoge« Prinzipien der selbstlosen Rücksichtnahme auf den unterlegenen Gegner oder auf das »Selektionsziel« der »Arterhaltung«, sondern allein auf »eigennütziger« Basis erklärt werden können. Stellen wir uns einmal vor, es gäbe – aus welchen Gründen auch immer – eine Population reiner »Kommentkämpfer« und in diese Population wandere von außen ein »Beschädigungskämpfer« (ein Kämpfer, der sich um keine »Kampfregeln« kümmert, sondern, seinen Vorteil rigoros nutzend, alle Mittel einsetzt, keine »Tötungshemmung« besitzt und nicht aufgibt) ein, oder er entstünde erstmalig als genetische Mutante in dieser Population. Er würde ohne Frage aus allen Kämpfen als Sieger hervorgehen und alle umstrittenen Ressourcen, also auch Geschlechtspartner für sich gewinnen. Sein Verhalten bringt ihm unbestreitbar große reproduktive Vorteile. Das ändert sich aber, wenn die entsprechend immer größer werdende Zahl seiner Nachkommen (auf dem Wege der Vererbung) dieselbe Taktik anwenden. Treffen nämlich zwei »Beschädigungskämpfer« aufeinander, so erhöht sich für jeden das dann tödliche Risiko einer Niederlage, und seine Siegeschancen sind im Durchschnitt auf die Hälfte heruntergegangen. Es bringt immer weniger Vorteile und immer mehr Nachteile, sich als »Beschädigungskämpfer« zu verhalten, je mehr potentielle Gegner dieselbe Taktik verwenden. Das heißt: der Selektionsvorteil für »Beschädigungskämpfer« hängt von der proportionalen Häufigkeit der »Beschädigungskämpfer« in der Population ab: je größer ihre Anzahl, desto geringer ihr Selektionsvorteil und desto höher schließlich ihr Selektionsnachteil gegenüber »Kommentkämpfern«. Man spricht hier deshalb von *»häufigkeitsabhängiger Selektion« (»frequency-dependent selection«)*. Modellrechnungen haben demonstriert, daß sich zwangsläufig ein unter gleichbleibenden Bedingungen langfristig stabiles Gleichgewicht von »Kommentkämpfern« und »Beschädigungskämpfern« durch natürliche Selektion einstellen muß, wobei erstere einen deutlich höheren Anteil der Population stellen, was sich in der Regel auch mit den empirischen Befunden in entsprechenden Tierpopulationen deckt. John Maynard Smith hat das eine *gemischte »evolutionsstabile Strategie« (»Evolutionary Stable Strategy«, »ESS«)* genannt.[29]

Welche der beiden Taktiken wäre unter diesen Bedingungen als »adaptiv« bzw. »normal« anzusprechen und welche als »maladaptiv« bzw. »abnorm«? Beide sind hier »adaptiv« und »normal«, freilich abhängig von ihrer stabilisierten Häufigkeitsverteilung. Man sieht an diesem Beispiel zugleich, daß »Normalität« im adaptiven Sinne nichts mit Mehrheiten und »Abnormalität« nichts mit Minderheiten zu tun hat!

Das »Prinzip Eigennutz« kann also auf dem Wege der natürlichen Selektion die genannten »ritualisierten« Kampfformen, die »Kommentkämpfe« und gewisse selektive »Tötungshemmungen« ohne jede Rücksicht auf eine »arterhaltende Zweckmäßigkeit« produzieren.

»Ritualisierte« Kampfformen gibt es aber keineswegs bei allen Arten. Insbesondere bei Tierarten, die nicht über derartige genetisch programmierte, das Aggressionsverhalten dämpfende Mechanismen verfügen, die aber trotzdem lebensgefährliche Waffen besitzen und sich nur durch rechtzeitige Flucht vor schweren Verletzungen schützen können, wird es häufiger zu tödlichen Verletzungen oder auch zur unmittelbaren Tötung am Kampfort kommen.

Das gilt bemerkenswerterweise gerade auch für die Primaten, bei denen die Konkurrenz der Männchen um fruchtbare Weibchen oder auch um die Weibchen anziehenden, lokalen Ressourcen mit ungeheurer Vehemenz und nicht selten mit schwersten Verletzungen oder gar tödlichem Ausgang ausgefochten wird. Dabei gibt es keinerlei »angeborene Tötungshemmungen«! Unsere Arbeitsgruppe im indischen Jodhpur, die über viele Jahre das

Leben der Hanuman-Affen, der Languren, beobachtete, hat erbitterte Kämpfe unter erwachsenen Männchen um den Besitz von weiblichen »Clans« oder »Harems« erlebt, die zu fürchterlichen Verletzungen und manchmal auch zum Tode führten. Der unter seinen Wunden leidende, wehrlos gemachte, der sterbende und auch der bereits tote Gegner erweckt dabei keinerlei »Mitleid« oder Rücksichtnahme und löst keinen Aggressionsstopp aus. Das gilt bei nichtmenschlichen Primaten offenbar überhaupt für verletzte, kranke und tote Artgenossen. Auch wenn eine Mutter ihr verstorbenes oder getötetes Kind bisweilen noch stunden- oder gar tagelang mit sich herumträgt und von Zeit zu Zeit auch noch bestimmte Pflegehandlungen an ihm vornimmt, so ist darin kein Nachweis von »Mitleid« oder »Trauer« zu erblicken: Hier klingen nur Gewohnheitsaktivitäten der Mutter langsam ab, und der Körper des Toten wird zu einem Gegenstand ambivalenter Behandlung, von Neugier, Gleichgültigkeit und manchmal auch von Aggressivität. So schrieb zum Beispiel Dian Fossey in der letzten Arbeit vor ihrer Ermordung: »Das Verhalten der Gorillas todkranken oder geschwächten Artgenossen gegenüber mag einem ›vermenschlichenden‹ Beobachter grausam oder gar mörderisch erscheinen ... So wurde z.B. eine alte Gorillafrau, die entweder tot oder tief bewußtlos, jedenfalls außerstande war, zu fühlen, was mit ihrem Körper geschah, rund 24 Stunden lang umringt von geradezu hysterischen Gorillas, die auf sie einprügelten, sie umherzerrten, auf ihr herumsprangen, sie untersuchten und bestiegen.«[30] Ähnliches berichtet Jane Goodall von freilebenden Schimpansen: »Als das adulte Männchen ›Rix‹ vom Baum fiel und sich das Genick brach, zeigten die Gruppengenossen hohe Erregung und Ängstlichkeit; sie begannen dann aggressiv um den Körper des Toten zu imponieren, nach ihm zu schlagen und sogar Steine auf den Leichnam zu werfen.«[31] In den düstersten Farben schildern Jane Goodall und ihre Mitarbeiter die »grausamen« Attacken, die »brutalen« Verletzungen und Tötungsakte gegenüber nicht zur eigenen Gruppe gehörenden Artgenossen bei den Schimpansen des Gombe-Reservats in Tansania.[32] Wir werden auf dieses Phänomen noch zurückkommen.

Ich möchte bei dieser Gelegenheit darauf hinweisen, daß ich mir eigentlich auch überhaupt keinen natürlichen Selektionsdruck vorstellen kann, der auf Mitleid und Trauer gegenüber Toten, ja nicht einmal auf die helfende Unterstützung unrettbar Todgeweihter unter Tieren hinarbeiten könnte, da dies ja überhaupt keinen eigenen »Gesamtfitneß«-Gewinn brächte. Eine spezielle Ausnahme könnte die von Anne O. Rasa beschriebene Situation der Zwergmungos mit ihrem intensiven Pflegeverhalten gegenüber kranken und schwächlichen Gruppengenossen darstellen; denn hier gelang der Nachweis, daß Individuen in Gruppen mit weniger als fünf Mitgliedern praktisch keine Überlebens- und Reproduktionschancen haben, so daß jedes Gruppenmitglied von höchstem Wert für das Überleben der anderen ist: Die Krankenhilfe würde hier dann aus letztlich durchaus »eigennützigen« Gründen erfolgen.[33]

Angesichts aller dieser Tatsachen erscheint es mir sehr unwahrscheinlich, daß der »frühe Mensch« eine angeborene, die eigene Art egalitär umspannende »Tötungshemmung« besessen habe, die – wie Konrad Lorenz annahm – erst »unter den Lebensbedingungen der Zivilisation sehr gründlich ›aus dem Gleise geraten‹«[34] und unter dem Einfluß der historischen Entwicklung von schnell wirkenden und über größere Entfernung einsetzbaren Tötungswaffen weitgehend abgebaut worden sei. Vielmehr erweist sich meines Erachtens der Mensch in seinem Konflikt-Verhalten als ein typischer Primat, der eben ohne Hemmung auch tötet, wenn der »Fitneß«-Gewinn dabei die entstehenden Kosten und Risiken übertreffen, und das um so eher, wenn das Opfer nicht dem eigenen genealogischen Verwandtschaftskreis oder der vertrauten Gruppe angehört. Zwar ist selbst Geschwister-»Mord« unter starkem Konkurrenzdruck nicht auszuschließen – die biblische Geschichte von Kain und Abel macht das deutlich –, doch haben Daly und Wilson an umfangreichem Material aus modernen Kriminalitätsstatistiken in vollem Einklang mit den modernen evolutionsbiologischen Konzepten nachgewiesen, daß unter sonst gleichen Bedingungen das Mordrisiko unter nahen Blutsverwandten signifikant erheblich geringer ist als unter entfernt Verwandten und noch viel geringer als unter nicht-verwandten Mitgliedern derselben Gemeinschaft.[35]

Man wird nach alldem nicht umhinkönnen, von der alten Idee Abschied zu nehmen, daß das Töten von Artgenossen und selbst der »Mord« per se »maladaptiv« oder »abnorm« sei und eine eher

»pathologische Entartung« darstelle[36]; man wird statt dessen akzeptieren müssen, daß nach den gesetzmäßigen Prinzipien der natürlichen Selektion auch das Töten von Artgenossen und sogar der »Mord« durchaus »adaptiv« und insoweit auch »normal« sind, als sie die biogenetische »Fitneß«-Maximierung fördern. Natur kennt eben keine Moral!

Das selektive Töten von artgleichem Nachwuchs

Inwiefern kann das Töten von arteigenem Nachwuchs überhaupt »adaptiv« und somit »normal« sein? Müssen Infantizid und Fetozid, das Töten des Kindes oder der Leibesfrucht, nicht in jedem Falle als »maladaptiv«, »abnorm« und »deviant« erscheinen, ganz gleich, ob man die natürliche Selektion unter der Perspektive »arterhaltender Zweckmäßigkeit« oder individueller »Gesamtfitneß«-Maximierung sieht? »Unsere halbmenschlichen Vorfahren werden den Gebrauch des Kindesmordes ... nicht ausgeübt haben; denn die Instinkte der tieferstehenden Tiere sind nie so verkehrt, daß sie dieselben regelmäßig zur Zerstörung ihrer eigenen Nachkommenschaft führten«, so postulierte Charles Darwin.[37] Wie wir gehört haben, hielt Konrad Lorenz ja generell das Töten von Artgenossen für eine »im Sinne der Arterhaltung höchst unzweckmäßige« Angelegenheit[38], und das Töten von artgleichen Kindern mußte ihm vollends abnorm und deviant erscheinen, widersprach es doch zusätzlich noch der von ihm postulierten generell aggressionshemmenden Wirkung des »angeborenen Kindchenschemas«.[39] Daß Infantizid und Fetozid jedoch keineswegs abnorm und deviant sein müssen, daß sie vielmehr unter bestimmten Voraussetzungen offenbar hochgradig adaptiv den Reproduktionserfolg des »Töters« steigern können, wird schon dadurch wahrscheinlich, daß sie im Tierreich so weit verbreitet sind und auch bei hochentwickelten Wirbeltieren, bei Vögeln und Säugetieren, vor allem auch bei Primaten – und natürlich auch weltweit beim Menschen – so häufig und in bestimmten, vorhersagbaren Situationen fast regelmäßig praktiziert werden.[40] Wir werden sehen, daß es viele Formen und Varianten des Infantizids gibt, die sich bei genauerem Hinsehen als durchaus adaptiv erweisen und deshalb von der natürlichen Selektion offensichtlich gefördert werden.

Weil natürliche Selektion – wie wir schon gesehen haben – über differentiellen Reproduktionserfolg arbeitet, hat sie zwangsläufig immer auch solche genetischen Programme belohnt, die mittels manipulativer Eingriffe den Reproduktionserfolg von Individuen maximieren. Und da der individuelle Reproduktionserfolg zu Lebzeiten letztlich nicht von der Zahl der gezeugten oder geborenen Jungen, sondern von der Zahl erfolgreich bis zur Geschlechtsreife aufgezogener Kinder abhängt, hat die natürliche Selektion viele höher entwickelte, in die Aufzucht ihrer Jungen viel und arbeitsintensiv investierende Organismen in der Weise »programmiert«, daß sie mit ihren reproduktiven Potenzen so effektiv und so ökonomisch sparsam umgehen wie irgend möglich: Es gilt, die reproduktive Kosten-Nutzen-Bilanz zu optimieren. Um das im unerbittlichen Wettbewerb konkurrierender Artgenossen zu erreichen, haben Organismen eine erstaunliche Vielfalt manipulativer Reproduktionsstrategien entwickelt, die unter anderm auch den selektiven Infantizid und Fetozid im Dienste einer Vermeidung reproduktiver Fehlinvestitionen einschließen. Wer mehr Kinder in die Welt setzt, als er erfolgreich aufziehen kann, verschwendet in diesem harten Wettbewerb seine Energievorräte, und wer die Zahl und die reproduktive Qualität seiner Jungen (z.B. über den »richtigen« Zeitpunkt der Geburt oder über das gerade reproduktiv »mehr versprechende« Geschlecht seines Nachwuchses) nicht den je gegebenen ökologischen und sozialen Bedingungen optimal anpaßt, wird von seiner Konkurrenz schnell überflügelt. Natürliche Selektion wird zwangsläufig immer jene favorisieren, die ihre eigenen Energievorräte optimal in die Generationen überdauernde »Gen-Lotterie« einbringen. Das war und ist seit Jahrmilliarden so und wird sich nicht ändern!

Infantizid und Fetozid können also auch eine extreme Form oder gar das »letzte Mittel« einer erfolgversprechenden Manipulation sein; sie fallen dann unter die Rubrik von *»parental manipulation«* oder – wie Mildred Dickemann es nannte – *»management of parental effort«*.[41] Eine ganze Skala von manipulativen Mechanismen stehen Organismen zu diesem Zweck zur Verfügung, von denen der Fetozid bzw. die Abtreibung und schließlich der Infantizid gewissermaßen die letzte »Notbremse« darstellen: »Postcopulatory plugs, sperm competition, inducement of ovulation, delayed implantation, pre- and postovulatory pregnancy block, resorption of gametes, and spontaneous abortion are all means of managing both the individual's own energetic investment and the investment of energies of the partner.«[42]

Zwei Zielrichtungen sind dabei zu beachten: zum einen die »richtige« Regulation der Zahl der Jungen und zum anderen die optimale Verteilung der eigenen Investitionen nach Maßgabe der prospektiven reproduktiven Qualität der Kinder.

Das erstgenannte Ziel kann ein Primaten-Weibchen oder eine menschliche Frau z. B. erreichen, indem sie selbst ihre Geburtenabstände in eine möglichst effektive und zugleich verlustarme Balance bringt. Eine Reduktion der eigenen Geburtenrate kann also durchaus im Interesse der Maximierung des eigenen Reproduktionserfolges liegen. »Geburtenplanung« im Sinne der optimalen ökonomischen Nutzung der eigenen Reproduktionskapazität und der jeweils zur Verfügung stehenden Ressourcen ist also angebracht: »gebremste Fertilität« als Mittel zur Steigerung des eigenen Reproduktionserfolges. »Where there is a negative relationship between numbers of offspring and the chances that those offspring will survive, marry and reproduce successfully, parents who limit their fertility may achieve higher numbers of grandchildren«, so urteilt Borgerhoff Mulder[43], und es kann keinem Zweifel unterliegen, daß natürliche Selektion solches Verhalten prämieren wird.

Der Reproduktionserfolg hängt aber natürlich auch vom strategischen Geschick der Eltern ab, die begrenzten lebenswichtigen Ressourcen in einer möglichst optimalen (das heißt: sich in reproduktiver Währung besonders gut auszahlenden) Portionierung in das Fortpflanzungsgeschäft einzubringen und die jeweils geeignetsten Nutznießer dafür auszuwählen. Soziobiologen sprechen hier von *»differentiellem Elterninvestment«* oder auch von *»differentieller Allokation der Ressourcen«*. »Evolutionary theory predicts that parents should distribute their resources (including inheritance) among their offspring according to the ability of each to use these resources to become successful parents; in short, a parent's strategy is to redistribute the inheritance in such a way as to maximize the number of his or her descendants (grand, or even great grand offspring)«, so beschreibt Borgerhoff Mulder die evolutionsbiologische Prognose von »adaptivem« Elternverhalten.[44] Eltern, deren Ressourcen nicht unbegrenzt sind, »sollten« ihre Kinder nach Maßgabe von deren prospektiver Reproduktionskapazität unterschiedlich versorgen. Auch diese Aussage muß wieder ohne jede moralische Konnotation verstanden werden, sie beschreibt lediglich eine theoretische Erwartung und ein sehr häufig bei Tier und Mensch zu beobachtendes Verhalten. Wie Daly und Wilson sagen: »Evolved mechanisms of parental motivation are therefore unlikely to be indiscriminate: Natural selection would be expected to favor those individuals whose parental effort is best allocated so as to contribute to their own fitness.«[45]

Unter diesen beiden Gesichtspunkten also kann auch das Töten von eigenem Nachwuchs, ein entsprechend selektiver Fetozid oder Infantizid »Fitneß«-fördernd und damit adaptiv und »normal« sein, wohingegen »parental instigated infanticide that does not make reproductive strategic sense within this framework will nowhere be described as normal or typical«.[46] Wir sehen auch, daß »Arterhaltungsinteressen« hier wie überall im Kontext der natürlichen Selektion überhaupt keine Rolle spielen.

Unter den genannten ökonomischen reproduktionsstrategischen Gesichtspunkten ist der Fetozid natürlich günstiger als der nachgeburtliche Infantizid, weil die Höhe der mütterlichen Investitionen positiv mit dem Lebensalter des Nachwuchses korreliert. Entsprechend findet man bei Säugetieren unter sehr ungünstigen ökologischen und sozialen Bedingungen ziemlich häufig das Phänomen einer frühen Resorption von Embryonen, und es gibt auch Hinweise, daß dies für den Menschen zutreffen kann. Aborte sind leichter feststellbar als embryonale Resorptionen, und hier kennt man eine ganze Reihe schlagender Beispiele für reproduktionsstrategische Eingriffe. Eine verblüffende Taktik ist z. B. vom Hausschwein bekannt.[47] Ein Mutterschwein gebiert normalerweise acht bis zehn Ferkel pro Wurf. Wenn sich jedoch zwölf Tage nach der Konzeption weniger als fünf Embryonen zu entwickeln beginnen, abortiert die Mutter. Die Schwangerschaft einer Sau dauert normalerweise 115 Tage, die Säugezeit noch einmal ca. 55 Tage, egal, wie viele Ferkel sie ausgetragen hat. Wenn die Mutter sehr früh eine offensichtlich »unrentable«

Schwangerschaft abbricht, so spart sie Reproduktionszeit und Energie, die sie sogleich in eine neue, wahrscheinlich dann ertragreichere Schwangerschaft investieren kann. Die »innere Kosten-Nutzen-Kalkulation«, die hier offensichtlich abläuft, orientiert sich jedoch nicht an der absoluten Zahl der angelegten Embryonen, wie operative Uterusverkürzungen belegt haben, sondern an der Relation von jeweils angelegten zu jeweils optimal möglichen Embryonenzahlen. Der dabei in Gang gesetzte physiologische Mechanismus ist hormoneller Natur; die Taktik ist »Fitneß«-fördernd und damit adaptiv.

Einige der von unserem Team in Jodhpur (Indien) beobachteten Languren-Weibchen abortierten, wenn vorauszusehen war, daß ihr Kind nach der Geburt einem Infantizid durch den neuen männlichen »Harem-Chef« zum Opfer fallen würde.

Durch eine Flut von Zeitungsmeldungen der letzten Jahre weiß man, daß immer mehr schwangere Frauen aus Indien und Pakistan sich in England (teilweise jetzt auch in ihren Heimatländern) eines frühen medizinischen Tests (z.B. der Amniozentese) bedienen, der u.a. auch das Geschlecht des zu erwartenden Babys feststellt. Wenn es sich um ein Mädchen handelt, lassen sie oft eine Abtreibung vornehmen. »Der alten, schon aus der Antike bekannten und in Indien bis in neuere Zeit üblichen Sitte«, so schrieb eine Zeitung, »nichtgewünschte Kinder, zumal Mädchen, auszusetzen, hat die moderne Medizin somit zu einer Abwandlung verholfen.«[48] Aus China kommen ähnliche Meldungen. Auch in diesen Fällen handelt es sich um verkappte reproduktionsstrategische Maßnahmen, wie wir noch sehen werden.

Unter den gleichen ökonomischen reproduktionsstrategischen Gesichtspunkten wie der Fetozid ist auch der Infantizid zu betrachten. Von vielen Tierarten wissen wir, daß Mütter ihre unselbständigen Jungen unter ungünstigen Aufzuchtbedingungen nicht selten verlassen oder auch töten und sogar auffressen, was der Wiederaufnahme eines Teils der bereits investierten Energie gleichkommt. Die Mutter schützt sich damit vor Fehlinvestitionen und spart ihre Energie für Zeiten günstigerer Reproduktionschancen auf. Auch mißgebildete Junge werden nicht selten verlassen oder getötet und aufgefressen.

Infantizid am eigenen Nachwuchs hat auch in der Menschheitsgeschichte eine uralte Tradition und wird sogar heute noch in zahlreichen Gesellschaften nicht als ein krimineller Akt empfunden. Von 112 rezenten »vorindustriellen Kulturen« – so berichtet Susan Scrimshaw – praktizierten 36% den Infantizid »regelmäßig«, 13% »gelegentlich« und nur 9% offenbar überhaupt nicht.[49] »If parental inclinations have been shaped by selection, there are at least three classes of circumstances in which we might anticipate some reluctance to invest in a newborn: (1) doubt that the offspring is the putative parent's own, (2) indications of poor offspring quality, and (3) all those extrinsic circumstances, such as food scarcity, lack of social support, and overburdening from the demands of older offspring, that would have made a child unlikely to survive during human evolutionary history«, so prognostizierten Daly und Wilson, und sie konnten diese Hypothesen hinreichend mit Fakten belegen.[50]

Nehmen wir ein Beispiel. Wulf Schiefenhövel fand bei den Eipo in Westneuguinea eine hohe Infantizidrate von (je nach zusammengefaßten Berichts- und Beobachtungsjahren) 29 bis 43% aller Lebendgeburten.[51] Die Entscheidung über das Schicksal des Neugeborenen trifft hier die Mutter, bisweilen allerdings auch nach vorheriger Absprache mit ihrem Ehemann. Die Frau gebiert ihr Baby »im Busch«, deckt es mit Blättern und Zweigen ab und entscheidet dann in einem manchmal Stunden währenden Prozeß, ob sie das Kind annimmt oder liegenläßt, was seinen Tod bedeutet. Bei der Entscheidung spielt übrigens – nach den Beobachtungen Schiefenhövels – offenbar auch die Schreistärke als Gesundheitsindikator eine Rolle. Es gibt eine Reihe von gesellschaftlich akzeptierten Gründen für die Nichtannahme eines Babys: z.B. Unehelichkeit, Mißbildungen, Mehrlinge, zu kurzer Geburtenabstand oder auch die Furcht vor der angesagten Untreue des Ehemannes, bedingt durch die lange Zeit des vorgeschriebenen Koitus-Tabus nach der Geburt eines Kindes. Es ist nicht schwierig, alle diese Gründe als im Dienst einer Lebenszeit-Reproduktionsstrategie der Frauen zu interpretieren. Schiefenhövel fand auch eine starke Asymmetrie im Geschlechterverhältnis der ausgesetzten Neugeborenen: einen bevorzugten Mädchen-Infantizid, der sich in vielen menschlichen Gesellschaften nachweisen läßt.[52] Insofern sind die zuvor im Zusammenhang mit Abtreibungen nach vorgeburtlicher Geschlechtsbestimmung erwähnten Verhältnisse in der modernen indischen und chinesischen Gesellschaft nichts Neues, sondern die Fortsetzung alter Traditionen, die ihrerseits wieder reproduktionsstrategische Charakterzüge erkennen lassen.

»Sex-ratio manipulation« – die Manipulation des Geschlechterverhältnisses beim eigenen Nachwuchs – ist eine im gesamten Organismenreich weit verbreitete Reproduktionsstrategie, in die je nach den gegebenen Bedingungen sehr unterschiedliche Mechanismen einbezogen sein können. Kürzlich fanden meine Mitarbeiter Andreas Paul und Jutta Küster sogar heraus, daß Berberaffen-Weibchen offenbar über eine Methode verfügen, die Wahrscheinlichkeit des Geschlechts ihrer Kinder schon über die jeweiligen Kopulationstermine mit einem statistisch signifikanten Effekt zu manipulieren.[53] Sozial hochrangige Weibchen gebären signifikant mehr männliche als weibliche Kinder, rangniedere Weibchen dagegen umgekehrt signifikant mehr weibliche als männliche.[54] Das entspricht dem berühmten Trivers/Willard-Modell, auf das wir gleich noch zurückkommen werden. Die sehr sorgfältigen Analysen ergaben, daß die beobachteten Unterschiede im Geschlechterverhältnis der Neugeborenen nicht das Resultat differentieller Aborte waren, sondern sehr wahrscheinlich auf einer sozialabhängigen »preconceptional control of sex via timing of mating in relation to ovulation« beruhten.

Welchem reproduktionsstrategischen »Ziel« könnte diese Manipulation dienen? Zu dieser Frage hatten Trivers und Willard ein evolutionsbiologisches Erklärungsmodell entwickelt, das sich in seiner Anwendung sowohl auf sozial lebende Tiere als auch auf menschliche Populationen als außerordentlich fruchtbar erwiesen hat.[55] Sie gingen davon aus, daß Eltern, die in besonders günstigen sozioökonomischen Verhältnissen leben und deshalb den Reproduktionserfolg ihrer Nachkommen besonders gut unterstützen können, mehr in die Kinder desjenigen Geschlechts investieren »sollten«, das die höhere Varianz im Reproduktionserfolg aufweist, weil diese Nachkommen ihrerseits erheblich mehr Kinder zeugen und angemessen aufziehen können als das Geschlecht mit der geringeren Varianz im Reproduktionserfolg. Bei Säugetieren – und somit auch beim Menschen – liegt, wie wir schon gesehen haben, die deutlich höhere Varianz beim männlichen Geschlecht. Ökonomisch gutgestellte, sozial angesehene Eltern »sollten« nach diesem Modell bevorzugt Söhne aufziehen und in Jungen entsprechend mehr investieren als in Mädchen. Im Falle von im Sozialrang niedrigen und ökonomisch schlechtgestellten Eltern liegen die Verhältnisse genau umgekehrt: Während ihre Söhne in der Regel schlechte Heirats- und Reproduktionschancen besitzen, werden die Töchter im Durchschnitt einen deutlich geringeren Reproduktionsabfall gegenüber sozial höhergestellten Frauen haben als die Söhne. Es lohnt sich daher, in dieser Situation bevorzugt in Töchter zu investieren. Die Töchter haben hier darüber hinaus auch noch die Chance der Hypergamie, d.h. sozial nach oben zu heiraten, was ihren Reproduktionserfolg im Durchschnitt befördern wird. Söhne hingegen haben bekanntlich nur sehr geringe Hypergamie-Chancen.

Ein klassisches und zugleich extremes Paradebeispiel für die Bevorzugung von männlichem Nachwuchs unter sozioökonomisch sehr günstigen Bedingungen waren die reichen Rajputen in der Feudalgesellschaft des indischen Rajasthan mit ihren regelmäßigen Töchter-Infantiziden. Alle Eltern des Landes konkurrierten mit ungeheurem Mitgift-Einsatz um die Einheirat ihrer Töchter in eine Rajputen-Familie: den Rajputen selbst bringen ihre Söhne somit zunehmenden Reichtum (und entsprechend üppigere Reproduktionserfolge) ein, während Töchter sie finanziell – angesichts dieser Konkurrenz – eher ruinieren würden, oder sie müßten sozial nach unten heiraten, was ihren Reproduktionserfolg im Durchschnitt gegenüber den Söhnen noch weiter reduzieren würde. Präferentielle Investitionen in Söhne, Vernachlässigung oder gar Infantizid der Töchter erscheint als die reproduktionsstrategisch »richtige« Konsequenz dieser Situation, wobei wir uns zunächst wieder jeder moralischen Bewertung enthalten. Über die relativ weite Verbreitung des präferentiell weiblichen Infantizids in sozial in Schichten gegliederten menschlichen Gesellschaften hat Mildred Dickemann eine eindrucksvolle Übersicht gegeben. Ganz besonders gilt das natürlich für polygone Gesellschaften – ich erinnere noch einmal an das Beispiel des Mulai Ismail von Marokko! –, wo Söhne die guten elterlichen Ressourcen dazu nutzen können, möglichst viele Frauen zu erwerben; hier »sollten« Eltern besonders darauf aus sein, ihre Investitionen auf Söhne und nicht auf Töchter zu konzentrieren.

Mein Mitarbeiter Eckart Voland hat in einer umfassenden demographisch-statistischen Analyse der differentiellen geschlechtsspezifischen Kindersterblichkeit in einer historischen, sozioökonomisch klar gegliederten, ländlichen Gesellschaft Nordfrieslands die Prognosen des Trivers/Willard-Modells in erstaunlich differenzierter Weise weitgehend bestätigen können, wobei hier die höhere Mortalität des einen oder anderen Geschlechts je nach sozioökonomischer Situation sicher nicht auf direkte Infantizide zurückging, sondern auf das weite und fein abgestufte Spektrum zwischen fürsorglicher Bevorzugung einerseits und leichter bis schwerer Vernachlässigung andererseits.[57]

Daly und Wilson geben ein eindrucksvolles Bild von der »Filizid«-Rate (das ist die Rate der Tötung von selbstgezeugtem Nachwuchs) in den modernen Industriegesellschaften der USA und Kanadas.[58] Auch diese Daten können weitgehend unter der evolutionsbiologisch-reproduktionsstrategischen Perspektive »erklärt« werden, was die Autoren überzeugend vorführen.

Das Töten von nicht selbstgezeugtem Nachwuchs

Von einigen Vogel- und Säugetierarten ist bekannt, daß erwachsene Weibchen Gelegenheiten wahrnehmen können, die wehrlosen und eventuell gerade ungeschützten Jungen ihrer artgleichen, aber nicht unmittelbar genealogisch verwandten Konkurrenz zu töten und bisweilen sogar aufzufressen. Besonders dramatische Beispiele hat Jane Goodall aus der von ihr seit nunmehr 26 Jahren beobachteten Schimpansenpopulation im Gombe-Reservat (Tansania) beschrieben[59]: Eine sozial hochrangige Mutter (»Passion«), zumeist in Kooperation mit ihrer Tochter (»Pom«), wurde dreimal dabei beobachtet, daß sie im Sozialrang niedrigeren Gruppengenossinnen mit Gewalt deren (jeweils unter einem Monat altes) Baby entriß, tötete und auffraß. In einem weiteren Fall wurde nicht der ganze Vorgang beobachtet, doch war es sehr wahrscheinlich, daß »Passion« (evtl. mit »Pom«) das Baby getötet hatte, und bei drei anderen Gelegenheiten wurde der Versuch der beiden beobachtet, einer Gruppengenossin ihr Baby zu entreißen. Jane Goodall schreibt: »Passion and Pom attacked the mothers of her victims *only in order to acquire the infants as meat.* Once they had possession of the babies, no further aggression was directed toward the mothers.

Indeed, when Melissa« – das war eine der beraubten Mütter – »approached the killers, who were then eating her infant, Passion reached out and embraced her.«[60] Es ist damit klar, daß es den beiden »Kannibalinnen« nur um die Babys, nicht um die Mütter ging, doch ob der einzige Zweck die Fleischnahrung war oder ob (zusätzlich) auch noch die Ausschaltung von Konkurrenz für den jeweils eigenen Nachwuchs eine Rolle spielte, muß offenbleiben.

Es gibt eine Reihe von Tierarten unterschiedlichster systematischer Zuordnung, bei denen sich innerhalb der natürlichen Sozietäten nur je ein einziges Weibchen fortpflanzt, während die anderen Weibchen als »Helfer am Nest« das mit ihnen in aller Regel sehr nahe verwandte reproduktive Weibchen (Mutter oder Schwester) bei der Aufzucht von deren Jungen intensiv unterstützen. Ein Paradebeispiel ist etwa der Bienen-»Staat«. Hier unterdrückt die »Königin« mittels Pheromonen die reproduktive Potenz ihrer Töchter (der Arbeiterinnen) und macht aus ihnen ein ganzes Heer von Pflegern und Versorgern ihrer jüngeren Geschwister: eine offensichtlich reproduktiv effiziente arbeitsteilige Großfamilie. In sehr viel kleinerem Format und über andere psycho-physische Mechanismen funktionierend kennt man derartige, auf reproduktiver Unterdrückung beruhende Familienverbände auch bei einigen Säugetieren, so bei den Nacktmullen (Nagetiere), bei Wölfen, Hyänenhunden und Zwergmungos (Raubtiere) sowie bei den Krallenäffchen unter den Primaten. Zumindest von Wölfen ist bekannt, daß, sollte ein im Sozialrang dem typischerweise reproduktiven α-Weibchen untergeordnetes Weibchen im Rudel ihrerseits zusätzlich Junge bekommen, diese einem hohen Tötungsrisiko durch das α-Weibchen ausgesetzt sind. Das hat dann nicht selten zur Folge, daß die Mutter der Opfer den Jungen des genetisch mit ihr verwandten α-Weibchens als zusätzliche »Amme« dient. Solche Verhältnisse sind Ausdruck sehr knapper, für das Überleben der Jungen notwendiger Ressourcen, die eben höchstens für die Aufzucht eines Wurfes im Rudel ausreichen, wozu die Hilfe aller Rudelmitglieder erforderlich ist.

Daß Infantizide durch erwachsene Männchen unter bestimmten Voraussetzungen offensichtlich »adaptiv« sind, weil sie den Reproduktionserfolg der »Killer« steigern und entsprechend – allen »Arterhaltungs-Interessen« zum Trotz – von der natürlichen Selektion zwangsläufig »belohnt« werden müssen, ist gerade bei einer Reihe von Säugetierarten bekannt. Noch nicht abgesichert ist das bei Schimpansen, wo erwachsene Männchen bei Gelegenheit ein nicht zu ihrer eigenen Gruppe gehöriges Weibchen brutal attackieren und, wenn diese ein Kind bei sich trägt, ihr dieses entreißen, es töten und auffressen.[61] Von ihren jahrzehntelangen Beobachtungen der ostafrikanischen Berggorillas aber schreibt Dian Fossey: »Begegnungen zwischen Gruppen können nicht nur zu Verletzungen, sondern auch zur vorsätzlichen Tötung von Kindern, zum Infantizid, führen. In den letzten 18 Jahren sind innerhalb der untersuchten Gorillagruppen zwölf Kindestötungen bekannt geworden. ... In sieben Fällen verließen Mütter der getöteten Kinder ihre Gruppe und gingen eine neue Verbindung mit dem Mann ein, der ihr Kind getötet hatte ... Unter Gorillas ist die Kindestötung eine Fortpflanzungsmaßnahme, die durch Beseitigung des fremden Kindes die Empfängnisbereitschaft der Mutter vorzeitig wiederherstellt« – die Laktationsamenorrhoe dauert bei Gorilla-Müttern durchschnittlich ca. 2 1/2 Jahre! – »und es dem Kindestöter in der Regel ermöglicht, mit diesem weiblichen Tier« – in kurzer Zeit – »ein eigenes Kind zu zeugen.«[62]

Man kennt dieses Phänomen u.a. von Nagetieren, von Löwen und einer Reihe von Primatenarten, insbesondere jedoch, und bisher am genauesten untersucht, von den indischen Hanuman-Affen, den grauen Languren. Dieses letztgenannte Beispiel möchte ich in seinem sozialen Gesamtkontext und unter der Perspektive von je geschlechtstypischen Lebenszeit-Reproduktionsstrategien etwas genauer beleuchten. Es soll dem Leser zugleich einen Eindruck vermitteln, wie vielseitig die Daten sein müssen, die in mühsamer langfristiger Feldarbeit zu erheben sind, um theoretisch konzipierte reproduktionsstrategische Prognosen belegen oder widerlegen zu können.

Seit über 10 Jahren beobachtet unser deutsch-indisches Wissenschaftler-Team eine isolierte, in sich geschlossene Population der indischen Languren *(Presbytis entellus)* in der Umgebung der Jodhpur im nordwestlichen Rajasthan. Die Population besteht aus annähernd 1300 Tieren, die in 29 reproduktive soziale Einheiten unterteilt sind. Jede dieser gemischtgeschlechtlichen Sozietäten bildet einen geschlossenen »Harem«, bestehend aus je einem voll erwachsenen Männchen und 8–30 (im Durchschnitt 17,4) erwachsenen Weibchen sowie deren Nachwuchs. Während die Weibchen zeitlebens in ihrer Natalgruppe – also in einem engen Verwandtschaftsverband – verbleiben, müssen die jungen Männchen ihre Natalgruppe vor Eintritt der Geschlechtsreife verlassen. Sie schließen sich dann einer der unterschiedlich großen *»all male bands«* an, in denen die überzähligen Männchen zusammengeschlossen sind. Es ist wohl verständlich, daß in einer Population, in der ca. 500 gebärfähige Weibchen von nur 29 erwachsenen Männchen monopolisiert werden, unter den 70–80 jeweils leer ausgehenden voll erwachsenen Männchen, die in *»all male bands«* leben, ein ungeheurer Konkurrenzdruck um den Besitz eines »Harems« herrscht, was schließlich die einzige Möglichkeit für die erfolgreiche Reproduktion eines Männchens darstellt. Einem Männchen gelingt es in dieser Population im Durchschnitt nur 27 Monate, einen »Harem« für sich zu monopolisieren (die beobachtete Varianz reicht von 3 Tagen bis zu 68 Monaten), d.h. seine Lebenszeit-Reproduktionsphase ist voraussehbar eng begrenzt. Im Sinne der Maximierung seines Reproduktionserfolges – und darauf hat, wie wir besprochen hatten, natürliche Selektion die Organismen »programmiert« – »sollte« jedes Männchen diese kurze Zeit so intensiv wie möglich nutzen. Nun stelle man sich vor, ein Männchen hat einen »Harem« mit z.B. 10 geschlechtsreifen Weibchen erobert, von denen jedoch 5 gerade (von seinem Vorgänger) schwanger sind und 3 ein kleines Baby haben, das sie noch in der Laktationsamenorrhoe hält. 2 Weibchen stünden dem neuen »Chef« für seine Reproduktion zunächst zur Verfügung. Wenn man weiß, daß die Schwangerschaft im Schnitt 6,5 Monate und die Laktationsamenorrhoe noch einmal 4–6 Monate dauert, könnte man mit Bezug auf jedes reproduktionsfähige »Harems«-Weibchen ausrechnen, wieviel von seiner »kostbaren« Reproduktionszeit das neue Männchen verlieren müßte, und das wäre ein hoher Prozentsatz seiner gesamten Möglichkeiten. Was könnte ein Männchen im Interesse seiner eigenen Reproduktionsmaximierung dagegen tun? Es »sollte« a) alle bei Übernahme des »Harems« vorgefundenen, von seinem Vorgänger gezeugten Babys, die ihre Mütter noch in der Laktationsamenorrhoe halten, also jene Babys, die noch nicht 6 Monate alt sind, töten, b) es sollte vor allem auch jene Kinder töten, die nach seiner Eroberung des Harems geboren werden, aber noch vom Vorgänger gezeugt wurden, und c) es sollte, wenn möglich, von seinem Vorgänger schwangere Weibchen zur Abtreibung bringen. Voraussetzung für den Erfolg dieser Strategie wäre allerdings, daß die Mütter seiner kindlichen Opfer nach dem Infantizid bzw. dem Abort schnell wieder östrisch werden, ausschließlich mit dem Töter ihrer Kinder sogleich kopulieren und schnell von ihm erneut geschwängert werden.

Alle hier prognostisch aufgezählten Ereignisse spielen sich in der Langurenpopulation von Jodhpur tatsächlich ab! Unser Team hat bisher 4 infantizidale Männchenwechsel (gegenüber 5 nichtinfantizidalen) mit 18 Kindestötungen (die Kinder waren jeweils nachweislich vom Vorgänger gezeugt) im adäquaten Alter der Babys beobachtet; 2 Infantizide erfolgten an Babys, die bis zu 3 Monaten nach der Haremsübernahme geboren wurden, und 5 wahrscheinlich »induzierte« Aborte sind uns derzeit bekannt. In nahezu allen Fällen wurden die Mütter der Opfer innerhalb von 2–3 Wochen nach dem Infantizid östrisch, forderten den »Killer« intensiv zu Kopulationen auf und waren in kurzer Frist wieder schwanger, so daß ein Reproduktionszeitgewinn des infantizidalen Männchens eindeutig nachweisbar war.[63] Es kann keinem Zweifel unterliegen, daß die Männchen vom Infantizid bzw. Fetozid selbst reproduktiv profitierten: Sie steigerten ihren eigenen Reproduktionserfolg auf Kosten ihrer jeweiligen Vorgänger, der Mütter der Opfer und natürlich der kindlichen Opfer selbst. Es handelt sich demnach um ein zwar »artschädigendes«, aber für die individuellen Männchen hochgradig adaptives, weil »Fitneß«-förderndes Verhalten, gegen das die Weibchen offenbar keine effektive Gegenstrategie entwickeln konnten. »Arterhaltungs-Interessen« spielen eben im Kontext der natürlichen Selektion keine Rolle; diese favorisiert vielmehr ihrer Natur nach zwangsläufig die Maximierung der individuenbezogenen »Gesamtfitneß«.

Weltweit weiß man aus menschlichen Gesellschaften, daß Stiefväter für Kinder ein weit höheres Überlebensrisiko darstellen als die leiblichen Väter. Hier nur zwei Beispiele, eines von den sogenannten »Naturvölkern« und das andere aus einer modernen Industrienation. Hill und Kaplan verfolgten bei den Aché-

Indianern in Paraguay das Schicksal von 67 Kindern, die nach dem Tode ihres leiblichen Vaters von ihrer Mutter und einem Stiefvater aufgezogen wurden: 43% starben aus unterschiedlichen Gründen vor ihrem 15. Geburtstag, während die Mortalität von solchen Kindern, die bei ihrer Mutter und ihrem leiblichen Vater aufwuchsen, bis zum 15. Geburtstag nur bei 19% lag.[64]

Eine britische Stichprobe von »lebensgefährlich mißhandelten Babys« umfaßte 15 Babys, die von ihrem Stiefvater, und 14 Babys, die von ihrem genetischen Vater getötet wurden, und das, obwohl nur 1% gleichaltriger englischer Babys mit einem Stiefvater leben![65] Daly und Wilson kommen zu dem Ergebnis, daß z.B. 1976 für ein Kind in den Vereinigten Staaten das Risiko annähernd 100mal so groß war, schwer mißhandelt zu werden, wenn es bei Stiefeltern lebte, als für ein jeweils gleichaltriges Kind, das bei seinen genetischen Eltern aufwuchs.[66] Auch Stiefmütter stellen nachweislich ein gegenüber genetischen Müttern höheres Sterberisiko für Kinder dar. Was die Altersverteilung bei durch Stiefeltern getöteten Kindern betrifft, so liegt der Löwenanteil in den ersten beiden Lebensjahren.[67] Ob Stiefeltern durch das Töten oder »Sterbenlassen« nicht von ihnen selbst gezeugter Kinder ihrerseits einen durchschnittlich höheren Reproduktionserfolg erreichen, ist bisher in menschlichen Gesellschaften nicht untersucht worden. In jedem Falle sparen sie aufwendige weitere Investitionen in nicht verwandte Kinder, eine Einsparung, die der eigenen Reproduktion durchaus zugute kommen könnte. Auch hier lassen wir zunächst den moralischen Aspekt beiseite.

In allen Fällen von Kindestötung, wo es nachweislich für den Täter um die Steigerung des eigenen Reproduktionserfolgs geht, ist der Tod des Opfers nicht einfach eine zufällige Begleiterscheinung von Verletzungen: vielmehr kann das Ziel der Aktion überhaupt nur durch den Tod bzw. das »endgültige Verschwinden« des Opfers erreicht werden. Es handelt sich also um eine direkt auf den Tod des kindlichen Artgenossen abzielende Aktion, was klar der bereits zitierten These von Konrad Lorenz widerspricht, daß das »Ziel der innerartlichen Aggression niemals die Vernichtung des Artgenossen« sei.[68] Darüber hinaus versagte offensichtlich in allen diesen Fällen das »angeborene Kindchenschema« als »Aggressionshemmer«, und eine artweit egalitäre innerartliche angeborene »Tötungshemmung« ist offenbar nicht vorhanden.

Wir sehen also, daß natürliche Selektion auch hier den individuellen genetischen »Eigennutz« fördert und keineswegs »übergeordnete Gruppen-« oder gar »Art-Interessen«. Das ist auch der einzige plausible Grund dafür, daß sich das »Töten von Artgenossen« und insbesondere der Infantizid als ein »im Sinne der Arterhaltung höchst unzweckmäßiges« Verhalten[69] genetisch und evolutiv – zumindest bis zu einem bestimmten Proporz – bei so vielen Organismen-Arten hat durchsetzen können; es ist eben unter bestimmten Bedingungen »adaptiv« im Sinne der »Gesamtfitneß«-Maximierung der agierenden Individuen. Da bei diesem Phänomen die Individual- und die Arterhaltungs-»Interessen« einander diametral entgegenstehen, ist dies ein besonders stichhaltiger Beleg dafür, daß – wie von der modernen Evolutionsbiologie gegen die Überzeugung der »klassischen« Ethologie vorausgesagt – das Prinzip »genetischer Eigennutz« in der biogenetischen Evolution allemal Vorrang vor dem Prinzip »Gemeinnutz« hat. Quod erat demonstrandum!

Die neue moralische Dimension in der Evolution des Menschen

Töten gerät dem Mensch zum »Mord«: nicht immer, doch zumindest dann, wenn es mit »Vorsatz« und – wie unsere Rechtsprechung das ausdrückt – aus »niedrigen Beweggründen« geschieht. Uns interessiert hier jedoch nicht die juristische Unterscheidung von Mord, Totschlag, fahrlässiger Tötung usw., sondern der moralische Aspekt per se, die moralische Dimension, die unter anderem das Töten unter Tieren prinzipiell vom Töten beim Menschen unterscheidet. Alle Naturprozesse, also auch das Töten, Sterben und Leiden im außermenschlichen Bereich, sind – wie T. H. Huxley feststellte – »moralisch indifferent«.[70] Dies ist zugleich auch der Grund dafür, daß man meines Erachtens bei Tieren grundsätzlich nicht von »Mord« sprechen darf, selbst in solchen Fällen nicht, wo die Tötung von Artgenossen gewissermaßen »vorsätzlich«, also mit Bedacht und sogar langfristig gezielt erfolgt, wie das zumindest bei den vorgestellten Languren-Infantiziden der Fall ist. Kein Tier kann für seine »Taten« »moralisch verantwortlich« gemacht werden. Eine Reihe entscheidender Voraussetzungen für »Verantwortlichkeit« sind im subhumanen Bereich des Lebens, also bei allen Tieren, nicht erfüllt. Ich zitiere noch einmal Hans Mohr: »›Das eigentlich Böse‹ beginnt mit dem Menschen, der in Freiheit und Verantwortung (im teleologischen Denken und Handeln) gegen Normen verstoßen kann.« Und: »Vom Menschen verursachtes Leiden und Sterben ist unter keinen Umständen mehr wertneutral, sondern muß sittlich verantwortet werden; auch dann, wenn wir guten Grund haben, unsere Neigung zum Töten und Quälen und Foltern auf unsere Gene zurückzuführen.«[71] Ich füge hinzu: Nicht nur unsere »Neigung« zum Töten, sondern vor allem eine ganze Reihe spezifischer »Motive« zum Töten gehören zu unserem uralten stammesgeschichtlichen Erbe, wie man den vorangegangenen Erörterungen entnehmen kann.

Wie kam »Moral« ins Spiel? Ab wann können wir von »Moral« sprechen? Welches sind die Voraussetzungen, welches die besonderen Eigenschaften, die Tieren fehlen und die nur der Mensch besitzt?

Um überhaupt eine »verantwortliche Moral« entwickeln zu können, bedarf es bestimmter Eigenschaften bzw. Fähigkeiten, die offenbar nur der Mensch unter allen heute lebenden Organismen in der erforderlichen Ausprägung und Kombination besitzt. Diese Eigenschaften sind natürlich jede für sich wieder ein Produkt der biogenetischen Evolution – und man kann einzelne von ihnen unterschiedlich weit auch in den subhumanen Bereich der Organismen »zurückverfolgen« –, doch ist ihre jeweilige Wurzel und ihre je eigene »progressive« Entfaltung primär nicht an die Entwicklung von »Moral« gebunden.

Unbestreitbar ist, daß ein als »moralisch« (oder auch als »unmoralisch«) zu bewertendes Verhalten zumindest an die Fähigkeit zu *absichtlichem Handeln* geknüpft sein muß. Zielgerichtetes Verhalten wird man freilich auch vielen Tieren zubilligen müssen, speziell beim Menschen geht es jedoch um Handlungen, deren Absichten z.B. an rationalen Fernzielen, Idealen oder eben auch an ethischen Wertvorstellungen orientiert sein können.

Ebenso herrscht allgemeine Übereinstimmung darüber, daß man von »moralischem« (oder »unmoralischem«) Verhalten überhaupt nur unter der Voraussetzung sprechen kann, daß eine Wahlmöglichkeit zwischen Handlungsalternativen existiert und wahrgenommen werden kann, wenn also ein gewisses Maß an *Entscheidungsfreiheit* gegeben ist. Auch wenn viele Tiere die Fähigkeit besitzen, zwischen verschiedenen Aktionsalternativen zu entscheiden, wird man sie doch nicht als »autonome sittliche Subjekte« begreifen dürfen, die ihre Entscheidungen auch an moralischen Wertsystemen messen können.

»Moralisches« oder »unmoralisches« Verhalten ist an die Möglichkeit gebunden, die *Folgen des eigenen Handelns* im voraus und möglichst langfristig abschätzen zu können. Dazu gehört das Vermögen zur bewußten Reflexion über sein eigenes Verhalten und zur kritischen Prüfung und Abwägung der Handlungskonsequenzen. Seitelberger meint, daß nur dem Menschen eine über die Wahlmöglichkeit zwischen Handlungsalternativen im je aktuellen Erlebnisbereich hinausgehende »weitere Dimension des Entscheidungsraumes zur Verfügung steht: Seine Hirnfähigkeiten ermöglichen nicht nur die treffende Repräsentation der Aktualwirklichkeit im subjektiven Medium des Bewußtseins, sondern auch die projektive Konstruktion von möglichen (zukünftig zu erwartenden, befürchteten, gewünschten) Ereignisverläufen«.[72] Daraus eben erwächst dem Menschen die *Veerantwortlichkeit* für sein Handeln oder auch für das Unterlassen von Handlungen.

Für »moralisches« Handeln ist darüber hinaus die innere Wahrnehmung einer *personalen Identität* über die Zeit und über Situations- und Bedürfniswechsel hinweg erforderlich, und zwar sowohl hinsichtlich der eigenen Person als auch im Hinblick auf die sozialen Interaktionspartner. »Eine Moral, die die Identität von Personen respektiert, ist nicht eine bloße Moral unter anderen, sondern in der Tat das einzige, was letztlich als Moral gelten kann«, betonte Fried mit Recht.[73] Voraussetzung ist also das Konzept von »personaler Identität« im Handlungssubjekt, sind Selbstbewußtheit und ein normativ wirkendes Selbstbild. Gerade daran scheint es sogar bei den höchstentwickelten nichtmenschlichen Primaten[74] zumindest in bezug auf Situations- und Bedürfniswechsel noch zu mangeln, worauf ich noch einmal kurz zurückkommen werde.

Das Wissen um die personale Identität des Selbst und anderer Personen ist dann zugleich die Voraussetzung für das Vermögen, sich in andere Personen hineinzuversetzen, sich mit ihnen identifizieren zu können. Einfühlungsvermögen und Mitleid sind nur auf dieser Basis möglich. Es handelt sich also um die Vorbedingung von *Empathie,* und damit von *Sympathie* auf der einen Seite, aber natürlich auch von *Sadismus* auf der anderen Seite. Folgt man der Definition von Wispé: »Empathie ist das selbstbewußte Gewahrwerden des Bewußtseins des anderen«[75], so dürfte einleuchten, daß wir es doch wohl mit einem den Menschen auszeichnenden Charakteristikum zu tun haben. Selbst für die Schimpansen gibt es bisher keine wirklich eindeutigen Beweise für ein mitleidendes Sicheinfühlen in einen Gruppengenossen. Mag sein, daß aber gerade die schreckliche Seite der »sadistischen« Behandlung wehrloser »Feinde« – auf die wir noch zu sprechen kommen werden – derzeit der beste Hinweis darauf ist, daß Schimpansen auf der Schwelle zum Vermögen zur Empathie stehen oder sie vielleicht gerade schon überschritten haben. »A tendency on the part of one social partner to identify himself with the other and so to make the other's goal to some extend his own« – wie Humphrey das treffend ausdrückte[76] – gilt vielen als die zentrale Voraussetzung für die Entwicklung eines »echten«, nämlich eines »selbstlosen Altruismus«!

Evolutionsbiologisch ist in diesem Zusammenhang allerdings wiederum interessant, daß beim Menschen das durchschnittliche Sympathiemaß von Einzelpersonen keineswegs egalitär verteilt, sondern deutlich auf eine kleine Gruppe von Mitmenschen beschränkt ist. So ermittelten Buys und Larson empirisch, daß die typische »Sympathie-Gruppe« bei Personen in unseren westlichen modernen Gesellschaften im Durchschnitt nur etwa 11 Individuen umfaßt: »Indeed, the sympathy-group mean's standard deviation (6.8) places the obtained group sizes somewhere between the range of the primal family (4.1) and a kinship-group or small hunting band (18).«[77] Auch hier also wieder ein Hinweis auf die Begrenzung des Adressatenkreises unseres »natürlichen Altruismus« und des ursprünglichen Anwendungsbereichs menschlicher moralischer Prinzipien.

Unter »Moral« verstehen wir im allgemeinen ein *Bewertungssystem von Handlungen, Absichten* und *Motiven.* Im *sozialen Feld* entstehen allgemein *verbindliche Normen, Verhaltensregeln, Gebote* und *Verbote,* sittliche Beurteilungskriterien und Werthaltungen, die schließlich bei schriftmächtigen Gesellschaften in die Form von Gesetzen gefaßt werden können, nach denen die Rechtsprechung vollzogen wird. Bei Normverletzungen erfolgen in der Regel soziale Sanktionen, mittels deren das Normensystem aufrechterhalten, die Normeinhaltung kontrolliert und notfalls auch erzwungen wird. Erst wenn die »Sollwerte« und Vorbilder sittlichen Handelns von den Personen voll »internalisiert« worden sind, »erst wenn wir dieses Stadium erreicht haben, können wir im eigentlichen Sinn von Moral sprechen«, so der britische Philosoph Mackie.[78] Aus dieser Internalisierung dessen, was man tun sollte und was man nicht tun sollte, können Diskrepanzen zwischen dem Selbstbild und der sozialen Erwartungsnorm resultieren, die persönliche *Schuldgefühle,* schlechtes *Gewissen* und *Scham* hervorrufen können: ein wichtiges Korrektiv, wenn der oft geäußerte Verdacht zu Recht besteht, daß moralische Normen zunächst und vor allem die Funktion hatten, einen gewissen sozialen Druck in Richtung auf möglichst »altruistisches« Verhalten anderer Sozietätsmitglieder auszuüben. Erst mittels Reflexion und einer entsprechend ausgebildeten Symbolsprache ist die Rechtfertigung einer Handlung möglich und nötig, ein weiteres Charakteristikum, das auf den Menschen beschränkt ist. »Verantwortung« ist an Sprache gebunden.

Alle zuvor genannten Eigenschaften und Fähigkeiten sind *universal menschlich* – was nicht heißen kann und soll, daß sie jeder Person jederzeit voll zur Verfügung stehen! –, und sie sind in dieser Entwicklungshöhe und Kombination auch *spezifisch menschlich,* wenngleich sie alle nachweislich in unserem stammesgeschichtlichen Primaten-Erbe wurzeln.[79] Man wird in bestimmten Grenzen auch anderen hochentwickelten Säugetieren z.B. Verhaltensintentionen, ein gewisses Maß an Entscheidungsfreiheit zwischen Verhaltensalternativen, die Fähigkeit zur Antizipation bestimmter Folgen eigener Aktionen oder solcher anderer Interaktionspartner und – zumindest bei Schimpansen – erste Andeutungen eines »normativen Selbstbildes«[80] und damit zumindest Vorzeichen von »personaler Identität« nicht ganz absprechen können; doch fehlen trotz intensiver Nachforschungen sichere Belege oder auch nur überzeugende Hinweise auf die Fähigkeit a) »to integrate the objective value of a companion across time and context« und b) »to identify a group member as generally destructive«, wie Hans Kummer feststellte[81]; es fehlen selbst bei den höchstentwickelten nichtmenschlichen Primaten eindeutige Nachweise für Empathie, also für das »mitleidende« Sicheinfühlen in einen Artgenossen[82] – Jane Goodall faßte ihre jahrelange Erfahrung mit freilebenden Schimpansen in dem Satz zusammen: »Es ist unwahrscheinlich, daß ein Schimpanse je aus ähnlichen Gefühlen heraus handelt«[83] – und es gibt weiterhin offensichtlich weder internalisierte noch tradierte Wertsysteme und damit über momentane, jeweils spezifische Situationen und Kontexte hinausreichende soziale Sanktionen[84], noch eindeutige Hinweise auf Scham und Gewissen.

Es ist schon aus diesen Gründen vollkommen verfehlt, Tieren – gleich welcher Entwicklungshöhe oder welchen Beliebtheitsgrades – »moralisches« bzw. »unmoralisches« Verhalten zuschreiben zu wollen: Sie agieren vielmehr ganz und gar *»außer-moralisch«*. Moralisch bzw. unmoralisch handeln kann nur der Mensch. Dabei sind exklusiv menschlich nicht unbedingt die Inhalte sittlicher Normen – wir hatten ja oben schon gesehen, daß eine ganze Reihe »moralischer« Normen durchaus auch den »außer-moralischen« biogenetischen Verhaltenstendenzen anderer Organismen folgen –, exklusiv menschlich ist vielmehr prinzipiell die »moralische Qualität« als solche. Und selbstverständlich unterliegen nun auch alle jene Handlungen des Menschen einer moralischen Bewertung, die wir im Verfolg unserer biogenetischen Antriebe und Neigungen ausführen.

Die Betonung, daß die moralische Qualität exklusiv menschlich sei, heißt freilich nicht, daß dieses besondere Charakteristikum des Menschen im Verlauf der Hominiden-Evolution eines Tages auf wunderbare Weise vom Himmel gefallen sei, doch bleiben uns im Hinblick auf die über das Niveau der heute lebenden Menschenaffen hinausgehenden Entwicklungsschritte nur vage Spekulationen, da fossile frühmenschliche Knochenfunde oder Steinwerkzeuge in dieser Hinsicht keine Auskünfte geben können. Ich möchte auch noch einmal betonen, daß die besprochenen Eigenschaften und Fähigkeiten des Menschen phylogenetisch sicher nicht zum primären Zwecke der Entwicklung von Moral entstanden sind, sie bildeten vielmehr jede für sich eine wesentliche Facette in der Evolution kognitiv-intellektueller Potenzen der Hominiden[85], weshalb ein erheblicher natürlicher Selektionsdruck auf die Weiterentwicklung dieser Eigenschaften und die steigende Potenz ihrer wechselseitigen Kombination bestanden haben muß, die schließlich das »Vernunftwesen« *Homo sapiens* hervorbrachte. Wie Peter Singer anmerkte: »Das Vernunftvermögen ist keineswegs etwas, was die Evolution wahrscheinlich eliminieren würde. Bei der Nahrungssuche, bei der Vermeidung von Gefahren, in jedem Lebensbereich haben diejenigen, die vernünftig handeln, einen ungeheuren Vorteil vor vergleichbaren Lebewesen, deren Vernunft weniger entwickelt ist.«[86]

Welchen Selektionsvorteil aber lieferte dabei die Entwicklung der »moralischen Dimension« bezogen auf das Verhalten und Denken? Die unter hohem Selektionsdruck steigenden kognitiv-intellektuellen Fähigkeiten der Frühmenschen schufen auf der einen Seite ein zunehmend höheres Maß an individueller Verhaltensfreiheit, was auf der anderen Seite im sozialen Kontext wohl den Druck auf eine kalkulierbar verläßliche Einschränkung ebendieser Freiheit durch die Entwicklung von – letztlich biogenetisch adaptiven – »Verhaltensnormen« oder »Soll-Regeln« mit sich brachte. Da der Mensch aus vielen Gründen das extrem sozialabhängige Wesen blieb, als das ihn die Primaten-Evolution hervorgebracht hat, trat mit der einzigartigen kognitiv-intellektuellen Entwicklung in der Human-Evolution eine neue Gefahr auf den Plan, der es stetig gegenzusteuern galt, sollten die Vorteile nicht zugleich wieder verspielt werden. Das menschliche Individuum könnte von seinen intellektuellen Potenzen her so »frei« sein, daß sein Verhalten für die Sozialpartner – auf die jedes Individuum seinerseits wieder angewiesen ist – kaum oder gar nicht mehr mit der erforderlichen Verläßlichkeit kalkulierbar wäre: ein wirkliches Desaster für einen auf »Gedeih und Verderb« dem Sozialleben verhafteten Primaten. Einer derartigen Katastrophe muß im jeweiligen Eigeninteresse kontinuierlich entgegengewirkt werden. Dies kann auf dem Niveau unserer individuellen »Freiheitsgrade« auch über natürliche Selektion nur noch durch die Entwicklung und möglichst strikte Beachtung von soziokulturell gesetzten, tradigenetisch stabilisierten Verhaltensregeln und normativen »Soll-Werten« geschehen, deren Einhaltung das unbedingt notwendige Maß von verläßlicher Vorhersagbarkeit des Verhaltens für Individuen derselben Sozietät garantiert. Zur Durchsetzung dieser Regeln bedarf es zunächst wohl der Ausbildung wirksamer sozialer Sanktionen im Falle der Nichteinhaltung, ein Prozeß, der effektiv unterstützt wird durch die psychische »Internalisierung« der Wertnormen, was bei Nichtbeachtung und Regelverstößen innere Schuldgefühle, Scham und ein »schlechtes Gewissen« auslöst.[87] Das so entstandene und internalisierte traditionale moralische Wertsystem dient dann der gedanklichen und verbalen Rechtfertigung bzw. Verurteilung bestimmter faktischer Verhaltensweisen.

Kehren wir nach diesem allgemeinen Exkurs zu unserer speziellen Thematik des Tötens zurück, so liefern derartige moralische Wertsysteme auch die Maßstäbe zur Beurteilung von »gerechtfertigten« oder »ungerechtfertigten« Tötungsakten, für die Unterscheidung zwischen »gerechtem« und »ungerechtem« Töten.

Bei genauerem Hinsehen allerdings wird natürlich auch diese Unterscheidung wieder äußerst problematisch. Wer entscheidet darüber, wann Gewaltanwendung »gerecht« ist und wann »ungerecht«: die Mehrheit, die jeweils Mächtigen, der Staat, das Gesetz? »Gewalt im Dienste einer ›gerechten Sache‹, etwa der Religion oder der Volksverteidigung, war gut, Gewalt im Dienste des individuellen Gewinnstrebens schlecht«, so Tiger und Fox.[88] Ist nur Gewalt, die von einer Gemeinschaft getragen wird, gerechtfertigt, nicht aber private Gewalt? Wie bzw. wodurch muß eine solche Gemeinschaft legitimiert sein? Durch Gott bzw. andere überirdische Mächte oder durch eine irdische Staatsverfassung, sei sie von einem Monarchen oder von einer demokratischen Legislative gesetzt? Natürlich gibt es in dieser Hinsicht kulturgeschichtlichen Wandel, Umbrüche und Revolutionen.

In einem eindrucksvollen Referat hat Annette C. Baier autobiographisch vorgeführt, wie schwankend sich das Bild der öffentlichen Rechtfertigung des Tötens sogar im individuellen Lebenslauf eines Menschen unserer Tage darstellen kann. Zur Illustration möchte ich eine längere Passage aus diesem vitalen Text wörtlich wiedergeben:

»Most of us here had the luxury of learning these lessons as members of fairly well recognized groups with recognized territories and authority structures, groups whose rights to defend their official values from perceived attack, or to express their expansionist colonial values, were taken for granted. As a New Zealander I, for example, learned early that it had been all right for the British troops protecting my colonialist ancestors to kill Maoris who resisted British rule, that their killing was in a different moral category from the ›barbaric‹ assaults of Maori tribesmen on white settlements, let alone from their occasional ritual eating of an uninvited missionary or intruding British official. I later learned that it was all right for my uncles and older school fellows to set sail around the world to Europe, in order to kill Germans and Italians or to kill their Japanese Pacific neighbours, since we were at war with these peoples and God was on our side. Still later, once peace was made, I learned that it was retrospectively all right for at least some of those German, Italian and Japanese to have killed my fellow countrymen, since they were soldiers whose job is to kill, and they may have been nonculpably ignorant of the fact that God was not on their side. As I went on to study history, it became clear that the answer to the question of who it is who makes someone a soldier, or other member of a military force, rather than a mere murderer or barbaric warrior, the question of who gives out the licenses to kill, could not simply be ›authorities of a nation-state‹. For I learned that that was a relatively recent and for a long time a largely European phenomenon. Many who with some sort of blessing took arms against fellow persons got their licenses and their blessings from different authorities, crusaders from popes and Holy Roman Emperors, or like Joan of Arc from her own visions. (As I write this in Vienna, a current production of Schillers *Jungfrau von Orleans* portrays her as a saintly terrorist.) And once there were nation states, there were those like Cromwell who conscientiously rejected their anointed sovereigns and tried armed takeovers, there were Washingtons who raised armies against the colonial powers that were. Both the wars before the emergence of the nation state, and all the civil and religious wars within and across such states, show the moral learner that the authority to raise an army, to issue licenses to kill, is highly contested, jealously competed for, and fiercely fought for. Indeed much of the organized and deliberate killing of human persons by human persons has occurred in contests for the monopoly of the right to raise armies and authorize that and other uses of deadly force.«[89]

Wie steht es also mit dem Töten im Krieg und mit gesetzlich vorgeschriebenen Hinrichtungen im Vergleich zu Attentaten und zu tödlichen terroristischen Gewaltakten? Wie groß oder mächtig und wodurch legitimiert muß die jeweilige Gruppierung sein, um Gewalt gegen Mitmenschen in ihrem Namen legitimieren zu dürfen bzw. zu können? Oder ist das alles nur eine Frage des Erfolgs?

In unserer modernen Welt scheint es in erster Linie die »Staatsgewalt« zu sein, der allgemein die Legitimation zugesprochen wird, Menschen zu töten und Menschen zum Töten von Menschen auszubilden. Doch gibt es auch heute noch Staaten, denen von anderen Staaten und/oder von ihren eigenen Bürgern vorgeworfen wird, daß sie die »Menschenrechte« verletzen, und der Disput, was dem Staat erlaubt sein sollte und was nicht, geht mit kulturhistorisch und politisch schwankenden Wertmaßstäben weiter. Noch vor 50 Jahren schrieb ein deutscher Moraltheologe: »Wir erlauben dem Staat das Töten von Menschen, im Krieg und in der Rechtsprechung, warum nicht auch bei der Ausmerzung erbkranken Nachwuchses?«

Im allgemeinen wird das Recht zu töten nicht einer einzelnen Privatperson überlassen, die ja subjektive, eigennützige Interessen damit verfolgen oder durchsetzen könnte, sondern es wird gewissermaßen delegiert an eine »Überperson«, die Gemeinschaft, welche die Legitimation dieses Rechtes – in welcher Form auch immer – für sich monopolisiert und gegen jeden Zweifel oder »Mißbrauch« von anderer Seite erbittert verteidigt. Von den archaischen Stämmen bis zu den modernen Nationalstaaten, immer geht es im Hinblick auf allgemein verbindliche moralische Normen in erster Linie darum, dem durch die natürliche Selektion beständig geförderten Prinzip des »genetischen Eigennutzes« entgegenzuwirken und ihm – je weiter vom Verwandtschaftsclan entfernt und je komplexer die gesellschaftliche Organisation, desto offensichtlicher – ein artifizielles Prinzip »Gemeinwohl geht vor Eigennutz« nicht nur entgegenzustellen, sondern eindeutig überzuordnen. Und das muß in Konfliktsituationen kontinuierlich gegen die Natur des Menschen durchgesetzt werden, denn es ist ja eben nicht die Rekonstruktion eines natürlichen gemeinschaftlichen »moral-analogen Antriebs«, den unsere Vorfahren als angeborenes Erbe in sich trugen und den wir erst in unserer Zivilisationsgeschichte verloren haben – ein Irrtum, dem die »klassischen« Ethologen der Lorenz-Schule noch unterlagen.

Der Unterschied zwischen gemeinschaftlich bzw. gesetzlich legitimiertem Töten und individuell bzw. privat initiiertem Töten kann als so fundamental begriffen werden, daß schon die Sprache unterschiedliche Termini dafür bereithält: »Im hebräischen Text« – der Zehn Gebote – »steht das Verb ›razach‹, das nicht jedwede Art zu töten meint, sondern nur jenes Töten, das außerhalb des Gesetzes geschieht. Für die gesetzliche Hinrichtung von Verbrechern oder für das Töten im Krieg wird ›razach‹ nicht verwendet.«[90] (Hans Mohr)

Das nach dem Gesetz gefällte offizielle Todesurteil und die danach vollzogene Hinrichtung eines Mörders z.B. wird gesellschaftlich zumeist als eine Art »moralisches Korrektiv« empfunden, welches die unrechtmäßige Tat eines Mordes gewissermaßen wieder ausgleicht, den gestörten Rechtszustand also wiederherstellt. Soziobiologen bezeichnen die ein Vergehen ahndende offizielle Gewalt einer Gesellschaft auch als *»moralistic aggression«*: Die Gesellschaft reagiert mit Gewalt auf die gewalttätige Verletzung moralischer Normen durch Gesellschaftsmitglieder; rächend wird die Tat gesühnt und so die sittliche Ordnung wiederhergestellt. Wie ernst dieser Sühneakt als solcher auch in unseren westlichen Gesellschaften heute noch genommen wird, möchte ich an einem extremen Beispiel vorführen, das ich einem Buch von Joseph Lopreato entnehme[91]: 1976 unternahm ein wegen Mordes zum Tode verurteilter Mann namens Gary Gilmore im Gefängnis von Utah einen Selbstmordversuch, indem er eine tödliche Überdosis Tabletten zu sich nahm. »The authorities rushed him to the hospital to save his life, thus seemingly engaging in a senseless act. A well-known pundit discussed the case in a newspaper column and concluded with the indignant question: ›What nightmare logic ist this?‹ He certainly deserved the sympathy of all rational persons. But he utterly misunderstood ›the logic‹ of the case. The logic is simply that the authorities' reaction to the suicide attempt was not and could not be expected to be, a matter of logic. On the one hand, it is customary to aid the sick.

On the other, suicide would have robbed the offended social conscience of the satisfaction of revenge. It is a disturbing fact, but a fact nevertheless.«

»Hinrichtungen« sind wie »Morde« spezifisch menschlich. Alle Berichte und Erzählungen über rechtsanaloge »Verurteilungen« und »Hinrichtungen« bei Ratten und anderen Tieren gehören natürlich ins Reich der Fabeln. Am bekanntesten ist die Legende vom »Storchengericht«. »Wer hätte nicht die schauerlich schöne Geschichte gehört, die überall erzählt wird, wo weiße Störche brüten und wo man Jägerlatein spricht. Sie wird immer wieder ernst genommen« – so fabulierte Konrad Lorenz – »und dann taucht in dieser oder jener Tageszeitung ein Bericht darüber auf, wie die Störche vor dem Wegziehen nach Afrika ein strenges Gericht abhielten, bei dem alle Vergehen einzelner Störche von der großen Storchenversammlung geahndet und vor allem alle Störchinnen, die sich des Ehebruchs schuldig gemacht haben, zum Tode verurteilt und mitleidlos hingerichtet würden.«[92] Sogar seine nach dem Geschlecht diskriminierende *»doppelte Moral«* hat der Mensch in die Tierwelt übertragen. Wir sehen: Die »Moral des Tötens« – wie jede Moral – macht feine Unterschiede!

Im Gegensatz zur legalisierten »Hinrichtung« wird *»Mord«* im allgemeinen als unsittliche Handlung verurteilt und sozial sanktioniert. Die moralische Bewertung des »Tötens von Artgenossen« als »Mord« ist – wie wir gesehen haben – gebunden an eine Reihe von kognitiv-intellektuellen Fähigkeiten und Eigenschaften, die in der erforderlichen Entwicklungshöhe und Kombination unter allen heute lebenden Organismen offensichtlich nur dem Menschen eigen sind. »Mord« unter Tieren gibt es nicht, sehr wohl aber – wie wir ausführlich besprochen haben – durchaus »adaptives«, weil »Fitneß«-förderndes Töten von Artgenossen. Auch wenn es, wie Hans Mohr sagte, »unter keinen Umständen mehr wertneutrales vom Menschen verursachtes Leiden und Sterben« geben kann[93], so wäre es doch unter evolutionsbiologischer Perspektive falsch, »Mord« grundsätzlich als eine »pathologische Entartung« und somit als »widernatürlich« beurteilen zu wollen, wie das z.B. Eibl-Eibesfeldt tut.[94] Diese ideologisch brisante Fehleinschätzung beruht auf dem evolutionsbiologisch eben nicht mehr haltbaren Konzept, daß das Töten von Artgenossen prinzipiell »maladaptiv« und »deviant« sei, weil es dem vermeintlichen »Selektionsziel« der »Arterhaltung« schade. Die unrichtige und zugleich gefährliche Konsequenz dieser Denkweise wäre, daß Mörder in aller Regel »abnorme«, »abartige«, »deviante« oder gar »perverse« Menschen seien und daß normale »natürliche« Menschen mit einer »gesunden« genetischen Ausstattung und »naturnaher« Erziehung eigentlich keinen Mord begehen könnten. Das heilende Rezept hieße dann: »Zurück zur Natur«, und der »widernatürliche« Mord würde automatisch seltener! Genau das kann nach modernen evolutionsbiologischen Erkenntnissen nicht stimmen! Im Gegenteil, wir haben hinreichend ausführlich besprochen, daß das gezielte Töten von Artgenossen ein durchaus »adaptiver« und somit ein von der natürlichen Selektion stetig »favorisierter«, der »Gesamtfitneß-Maximierung« dienlicher Akt sein kann und dies im Tierreich in aller Regel auch ist. Das gilt ohne Frage nicht nur für Tiere, sondern in prinzipiell gleicher Weise auch für den Menschen: Auch »Mord« ist keineswegs per se »widernatürlich«, sondern besonders häufig das taktisch »letzte«, also extreme Mittel, im Rahmen von höchst adaptiven Überlebens- und Reproduktionsstrategien Erfolg zu erringen. Selbstverständlich legitimiert das den Mord überhaupt nicht in moralischer Hinsicht, doch zeigt diese Auseinandersetzung wieder besonders deutlich auf, daß »amoralisch« und »widernatürlich« – bzw. umgekehrt: »moralisch« und »natürlich« – keine gemeinsame Basis haben: Etwas – wie z.B. Mord – kann extrem unmoralisch sein, ohne deshalb zugleich auch »widernatürlich« bzw. »pervers« erscheinen zu müssen, und gleichermaßen kann z.B. ein sittliches Ideal absolut »widernatürlich« sein (wie z.B. das Postulat einer egalitären universalen »Brüderlichkeit«) und dennoch auf höchstem moralischen Niveau stehen!

Mord aus reiner Bosheit, Folter aus rein sadistischer Motivation, das allerdings erscheint auch unter evolutionsbiologischer Perspektive zunächst als »devianter Akt«, der nur unter der Bedingung »Fitneß«-fördernd und damit »adaptiv« werden könnte, daß er eben durch seine erschreckend grausame Ausführung eine furchterregende und potentielle Konkurrenten einschüchternde Wirkung (eine Art von »Terrorimponieren«) hätte, die ihrerseits dem »Horrortäter« selbst oder seinen nächsten Verwandten zu höherem Reproduktionserfolg verhelfen mag: eine unbestreitbar an die Empathie-Fähigkeit gebundene und damit wohl ausschließlich menschliche (vielleicht aber auch noch für Schimpansen mögliche) Situation. »Mord als Vergnügen. Schockierend?« – so Hans Mohr. »Wir alle wissen, daß die Neigung zum Quälen und Töten von Artgenossen beim *Homo sapiens* besonders ausgeprägt ist und eine entsetzliche Hypothek darstellt, die wir seinerzeit im Pleistozän aufgenommen haben und nicht mehr loswerden konnten. Mord, Totschlag, Folter und Genozid markieren die Kulturgeschichte des Menschen.«[95]

Die feineren juristischen Differenzierungen, wie die zwischen »Mord« und »Totschlag« und die sie unterscheidenden definitorischen Attribute – z.B. die für »Mord« aufgelisteten Kriterien: »niedere Beweggründe« wie »Habgier«, »Befriedigung des Geschlechtstriebes« oder einfach »Mordlust«, die »heimtückische« und/oder sogar »grausame« Ausführung und der Einsatz »gemeingefährlicher Mittel« sowie der Zweck der »Ermöglichung bzw. Verdeckung einer anderen Straftat« –, sie sollen uns hier nicht beschäftigen, weil sie in dieser Funktion primär nichts mit Biologie zu tun haben. Dennoch glaube ich, daß einzelne dieser differenzierenden Charakteristika unter den neuen Gesichtspunkten der Evolutionsbiologie und Soziobiologie durchaus erneut diskutierenswert wären.

Mord als »letztes taktisches Mittel« in einer real oder imaginär ausweglos erscheinenden Notlage ist häufig auch eine Folge »verminderter Zurechnungsfähigkeit«, was soviel bedeutet, daß die oben aufgeführten kognitiv-intellektuellen Potenzen zeitweise oder ständig nur mehr oder weniger eingeschränkt zur Verfügung stehen. Das kann z.B. die Kontrolle und Beherrschung von Affekten sowie die Übersicht und wertende Abwägung von alternativen Handlungmöglichkeiten entscheidend behindern.

Mord an »Unschuldigen« – wie immer das definiert sein mag – wird in menschlichen Gesellschaften allgemein moralisch besonders negativ bewertet. Man kann jedoch nicht übersehen, daß es neben den gemeinschaftlich legitimierten »Hinrichtungen« noch eine Reihe weiterer sozial als gerechtfertigt angesehener Tötungsakte gibt: so in vielen Gesellschaften ritualisierte Zweikämpfe oder Duelle und die »Blutrache« sowie weltweit das Töten von Feinden im Krieg.

Den neuzeitlichen Krieg zwischen Nationen einmal ausgenomnommen, hat wohl die »Blutrache« in der Geschichte der Menschheit weltweit die meisten Opfer gewaltsamer Tötung gefordert. Zugleich ist sie eine der Hauptursachen für das Aufflammen von Kriegen unter »primitiven« Stammesbevölkerungen. »Blood revenge is one of the most commonly cited causes of violence and warfare in tribal societies«, schreibt Napoleon A. Chagnon in der Einführung seiner bahnbrechenden Arbeit *Life Histories, Blood Revenge, and Warfare in a Tribal Population*[96], und Daly und Wilson[97] beginnen das Kapitel über »Retaliation and Revenge« ihres exzellenten »Homizid«-Buches mit den bemerkenswerten Sätzen: »In preceding chapters, we have considered the circumstances in which people kill their children, their parents, their husbands, their wives. We have considered the status competition between men that fuels the majority of fatal conflicts in America, and the sexual rivalry and proprietariness that comprise the principal provocations to homicide in the modern world. But we have hardly yet considered a *homicide motive that may well have claimed even more lives in human prehistory than any of these: blood revenge.*«

Für viele hunderttausend Jahre der Menschheitsgeschichte hat wohl Blutrache den höchsten Blutzoll gefordert. Sie war und ist eine Art »Selbsthilfe« auf biogenetischer Verwandtschaftsbasis, solange es keine sozial allgemein anerkannte und/oder effektiv durchgreifende Legislative, Jurisdiktion und Exekutive gab bzw. gibt. Die Solidarität des unmittelbaren oder erweiterten Verwandtschaftsclans spielte dabei eine zentrale Rolle, und man handelte nach der Devise »Auge um Auge, Zahn um Zahn«, was immer wieder die bekannten Kettenreaktionen auslöste.

Für die Bellacoola-Indianer beschrieb McIlwraith den typischen Ablauf einer derartigen Revanche-Kette so: »Wenn ein Mensch getötet oder verwundet wird, dann ist seine Familie zur Rache aufgefordert ... Jede Anstrengung wird unternommen, um den Mörder zu erschlagen; sollte dieser aus seiner Heimat flüchten, so erlangt die beleidigte Gruppe Genugtuung, wenn sie ein Mitglied seiner Familie tötet ... Ein Tod wird durch einen Tod beantwortet; wenn zwei Menschen für einen Mörder erschlagen werden, dann sinnt die Familie, die den zweifachen Verlust erlitten hat, darauf, auch noch einen zusätzlichen Feind zu töten.«[98]

Richard B. Lee fand bei den !Kung-Buschleuten, daß von 22 recherchierten Homiziden 15 Vergeltungstötungen waren, wobei der Primäranlaß für den jeweils ersten Mord in aller Regel ein Streit um Frauen gewesen war.[99] Ganz entsprechend fand sich die Situation bei Chagnons Yanoama-Indianern: »Most fights begin over sexual issues: infidelity and suspicion of infidelity, attempts to seduce another man's wife, sexual jealousy, forcible appropriation of women from visiting groups, failure to give a promised girl in marriage, and (rarely) rape.« Und: »The most common explanation given for raids (warfare) is revenge for a previous killing, the most common explanation for the initial cause of the fighting is ›women‹.«[100] Es geht also letztlich und primär um die »Fitneß-Maximierung« der Männer – wie konnten wir das unter evolutionsbiologischer Perspektive anders erwarten!

Die Tradition der Blutrache ist heute keineswegs auf die sogenannten »Naturvölker« beschränkt, sondern reicht bis in unsere modernen Agrar- und Industriegesellschaften hinein. So schreibt z.B. Josefa Wittenborg: »Zu den Eigenarten Süditaliens zählt die weite Verbreitung der persönlichen Rache, woran die Frauen nicht ganz unbeteiligt sind. In der Zeit der Trauer um einen ermordeten Verwandten stachelt manche Sizilianerin den zur Vergeltung auserkorenen männlichen Angehörigen mit Hilfe ritueller Mittel an, blutige ›vendetta‹ zu verüben ... Auf ›vendetta‹ ist mehr Verlaß als auf die Carabinieri.«[101]

Die mafiaartigen kriminellen Organisationen in aller Welt imitieren dieses Prinzip, indem sie sich selbst zu »Familien« erklären, um damit direkt an die ursprünglich biogenetisch-genealogische Sippentradition früherer Tage anknüpfen zu können.

Der evolutionsbiologisch relevante Anlaß der biogenetischen Sippen-Solidarität ist unverkennbar das Bemühen um die gemeinsame »Gesamtfitneß«. Ich zitiere wieder Chagnon: »Losing a close genetic relative (for example, a parent, sibling, or child) potentially constitutes a significant loss to one's inclusive fitness. Anything that counterbalances these losses would be advantageous ... At first glance, raids motivated by revenge seem counterproductive. Raiders may inflict deaths on their enemies, but by so doing make themselves and kin prime targets for retaliation. But ethnographic evidence suggests that revenge has an underlying rationality: swift retaliation in kind serves as a deterrent over the long run ... The Yanomamö explain that a group with a reputation for swift retaliation is attacked less frequently and thus suffers a lower rate of mortality.«[102] Es geht hier also um die Steigerung der »Gesamtfitneß« über »nepotistische Verwandtenunterstützung«, ja, Chagnon konnte sogar nachweisen, daß Männer, die erfolgreiche »Töter« bei solchen Rachezügen waren, statistisch signifikant mehr Kinder gezeugt haben als andere Männer.

Also wieder die zwei uns aus den beiden vorangegangenen Kapiteln längst vertrauten Prinzipien: Verwandten-Unterstützung (»Nepotismus«, *»kin selection«*) und die harte Konkurrenz der Männer um die »knappe Reproduktionsressource« Frau. Und auch hier spielt wieder »doppelte Moral« hinein. »According to Blackstone's *Commentaries on the laws of England,* for example« – so kann man z. B. bei Daly und Wilson nachlesen[103] – »it is the common law that a man who kills upon discovering his wife *in flagrante delicto* is thus exempted from the usual criteria defining ›murder‹, and is instead guilty of the ›lowest degree‹ of manslaughter ›because there could not be a greater provocation‹ (Blackstone, 1803, Book IV, pp. 191–192). This is still the law throughout the English-speaking world.« Für die Männer nur, nicht etwa automatisch auch für Frauen. Die blutige Rache steht in den meisten Gesellschaften jeweils dem Manne zu, dem die »verführte« Frau »gehört«, sei dies der Ehemann, der Vater oder ein Bruder.

Auch in diesen Fällen spielt also die »doppelte Moral« die Rolle einer »Rechtfertigungsethik« für die biogenetischen Reproduktionsstrategien des mächtigeren, nämlich des männlichen Geschlechts!

Obgleich moralisch selbstverständlich verwerflich, ist »Blutrache« – wir wir gesehen haben – eine adaptive biogenetische Strategie (aus diesem Grunde nur kann sie sich schließlich weltweit durchgesetzt haben!), die zugleich spezifisch menschlich ist. Und »Blutrache« ist obendrein ganz offensichtlich eine der ursprünglichen Wurzeln des »Krieges« zwischen menschlichen Stämmen.

»Krieg«: Was ist das? Ist jede Gruppenauseinandersetzung »Krieg«? Wenn ja, dann ist Krieg ein im Tierreich weit verbreitetes Phänomen. Wir finden es zumindest bei allen sozial in weitgehend stabilen Gruppen lebenden Tieren, die ein eigenes Grup-

penterritorium gegen artgleiche Eindringlinge verteidigen und/oder umgekehrt, danach trachten, ihr Gruppenareal auf Kosten der Nachbarsozietäten zu erweitern. Die Heftigkeit der Auseinandersetzungen hängt verständlicherweise von der Wichtigkeit und von der Knappheit der jeweils verteidigten oder begehrten Ressourcen ab. Im allgemeinen darf man wohl sagen, daß die territorialen Konfrontationen und Angriffe nicht das Töten der Mitglieder der Rivalengruppe zum Ziel haben, sondern deren Verdrängung oder gelegentlich auch deren Einverleibung in die eigene Sozietät. Allerdings gibt es in dieser Hinsicht auch Ausnahmen, so z.B. bei einigen Ameisenarten oder bei unserem nächsten Verwandten, dem Schimpansen.

Eine für viele sich räumlich voneinander absetzende Tiersozietäten typische Form agonistischen Intergruppenverhaltens möchte ich am Beispiel von Rhesusaffen oder der von uns langfristig beobachteten indischen Hanuman-Affen kurz vorstellen. Treffen sich zwei benachbarte Gruppen im Gelände im Bereich ihrer *»home range«*-Grenzen, so kommt es in der Regel zu auffälligem »Imponierverhalten« der erwachsenen Männchen (z.B. lautes Rufen, Ästeschütteln, *»jumping display«*). Dieses Imponierverhalten hat sowohl eine Inter- als auch eine Intragruppenfunktion. Nach außen demonstriert es eine ritualisierte Drohung, die vor Übergriffen auf das eigene Territorium und/oder Mitglieder der eigenen Gesellschaft warnen soll, und nach innen wird unter Konzentrierung der Aufmerksamkeit der eigenen Gruppengenossen auf die Imponierer Stärke demonstriert und der Zusammenhalt gefestigt, wobei man sich nicht selten durch wechselseitiges Berühren oder Umarmen der Solidarität versichert. In Fortsetzung dieses Spektakulums kommt es häufig zur Frontenbildung, die oft durch auffallendes »Kampfvermeidungsverhalten« der wehrhaften Männchen, durch vereinzeltes oder gemeinschaftliches kurzes Vorpreschen der Weibchen, die sich sogleich wieder in die eigene Linie zurückziehen, sowie durch gelegentliche »Scheinangriffe«, »Imponierverhalten« und kurze Verfolgungsansätze der Männchen gekennzeichnet ist. Das Ganze geht in der Regel aus wie das »Hornberger Schießen«, es gibt keine Wunden, zumeist nicht einmal Körperkontakte – es sei denn, das eine oder andere Weibchen schlägt kurz nach einer Gegnerin –, und man geht danach auseinander, ohne daß Folgen (etwa unmittelbare Grenzkorrekturen) absehbar sind. Erst langfristig kann die beständig mit Imponierverhalten unterstützte Inanspruchnahme bestimmter begehrter Geländepositionen über Jahre hin zu deutlichen *»home-range«*-Grenzverschiebungen zwischen einzelnen Gruppen führen. Interindividuelle Rivalenauseinandersetzungen unter Männchen innerhalb der Gruppe bedeuten oft ein erheblich höheres Verletzungsrisiko (eine bezeichnende Ausnahme bilden hier die Schimpansen, bei denen die erwachsenen Männer einer Gruppe, im Unterschied zur weit überwiegenden Mehrzahl aller anderen nichtmenschlichen Primaten, untereinander eng verwandt sind!) als die eben beschriebene Art der »Show-Kampf«-Konfrontationen. Gewiß kann man das nicht als »Krieg« bezeichnen: Man möchte sich wahrlich wünschen, daß unsere Kriege ähnlich harmlos ritualisiert abliefen!

Was also ist wirklich »Krieg«?

Lexikalische Definitionen von Krieg geben sich heute vorwiegend »technokratisch«; so liest man z.B. im *Brockhaus* (18. Auflage, 1979): »Krieg: mit Waffengewalt ausgetragene Auseinandersetzung zw. größeren Gruppen, i.d.R. sind es Staaten oder Völker.« Und: »Das klassische Völkerrecht betrachtet den Krieg als eine militärische Auseinandersetzung zwischen Staaten, die von den Streitkräften ausgetragen wird«, die ihrerseits durch besondere Embleme oder Uniformen gekennzeichnet sind. Davon abgesetzt werden sogenannte »irreguläre« Kriege, wie Guerillakriege, Bürgerkriege und Volkskriege. Es wird unterschieden zwischen Angriffs-, Verteidigungs-, Präventiv- und Eroberungskriegen; die Kontrahenten bewerten »ihren« Krieg jeweils als »gerecht« oder gar »heilig«. Unterhalb der physischen Gewaltschwelle bleibt der bekannte »kalte Krieg« und die »psychologische Kriegsführung«. Wahrhaft »diplomatisch unterkühlt« definierte seinerzeit der Stratege v. Clausewitz, was er unter »Krieg« verstand, als einen »Akt der Gewalt, um den Gegner zur Erfüllung unseres Willens zu zwingen ..., nichts anderes als eine Fortsetzung des politischen Verkehrs mit Einmischung anderer Mittel«. Wer einen modernen Krieg miterlebt hat, dürfte wenig Verständnis für diese Art »politischen Verkehrs« aufbringen!

Alle diese Arten von Krieg sind – man mag es kaum aussprechen – Produkte sehr fortschrittlicher »Kultur-Evolution«. Zum einen hat die Technologie mit schnell und auf große Distanz tötenden Waffen ganz neue Bedingungen geschaffen: »These make killing easy ... Very few aircrews who are willing, indeed eager, to drop their bombs ›on target‹ would be willing to strangle, stab, or burn children (or, for that matter, adults) with their own hands«, so schrieb Nico Tinbergen, »they would stop short of killing, in response to the appeasement and distress signals of their opponents.«[104]

Zum anderen schafft unsere Intelligenz hochkomplizierte Formen der kriegerischen Organisation, Symbole, die verbinden und trennen, und vor allem auch die fast beliebig veränderbaren Kategorien »Freund« und »Feind«: »Letzteres ist der bedeutsamste Schritt nach dem Aufkommen der Waffen. Bei den Tieren sind diese Kategorien durch die Natur fixiert, doch beim Menschen unterliegen sie ständig wechselnden Definitionen und Neudefinitionen«, schrieben Tiger und Fox.[105] Welche Macht in den Händen von Demagogen und Propagandisten!

Das alles liegt natürlich außerhalb des Rahmens unserer biologischen Betrachtung. Noch einmal Tiger und Fox: »Die moderne Kriegführung hat nicht mehr die geringste Ähnlichkeit mit jenem Krieg, den zu führen und zu kontrollieren wir aufgrund unserer Evolution imstande sind. Sie gehört zum Apparat der bürokratisch organisierten Wirtschaft, in der Entscheidungen nach technokratischen Gesichtspunkten getroffen werden. Doch gleichzeitig wird der Krieg noch immer von Männergruppen ausgetragen, die einer überkommenen *Ästhetik des Kämpfens* verpflichtet sind, die nur wenig mit den rhetorischen Rechtfertigungsphrasen der Politiker zu tun hat.«[106]

Wo und wie finden wir die evolutiven Wurzeln des Krieges? Bei den noch verbliebenen sogenannten »Naturvölkern«? Liefern uns die !Kung-Buschleute der Kalahari, die Eipo auf Neuguinea oder die Yanoama in Brasilien mit ihren Überfällen und anschließend immer wieder aufflammenden Rachefehden, mit ihrem »Auge um Auge, Zahn um Zahn«, »wir einen Toten, ihr einen Toten«, mit ihrem hohen Blutzoll von 14–30% ihrer erwachsenen männlichen Stammesmitglieder[107], mit ihren Kampfesritualen und Friedenszeremonien, mit ihren »Kriegsgründen« wie Frauen, Nahrungsressourcen, Geländegewinnen und/oder mythologisch-symbolischen Motiven verläßliche Modelle? Gibt es vielleicht doch etwas, zumindest in einigen Charakteristika Vergleichbares schon bei nichtmenschlichen Organismen?

Insofern lohnt es sich, noch einmal nachzufragen, was den »Krieg« von den oben beschriebenen Intergruppenkonfrontationen unterscheiden müßte.

Biologen und Anthropologen haben den »Krieg« immer anders definiert, als es die modernen Lexika oder Politologen heute tun: nämlich als »destruktive Gruppenaggression« (Eibl-Eibesfeldt)[108], die auf Verletzung und Tötung der Feinde oder gar »Ausrottung« der befehdeten Nachbarsozietät ausgerichtet ist. Tiger und Fox sprachen vom »organisierten Töten«[109], und Tinbergen nannte den Krieg gar »uninhibited mass killing«, wobei es für ihn außer Frage stand, »that our cultural evolution is at the root of the trouble«.[110]

Verwendet man solche Kriterien, so findet man an ganz wenigen Stellen im Tierreich doch gewisse Parallelen: interessanterweise nur bei stammesgeschichtlich hochentwickelten sozial lebenden Formen, unter den Hautflüglern bei einigen aggressiven Ameisenarten und unter den Wirbeltieren bei einigen wenigen Säugetieren, evtl. bei Ratten (allerdings behandelt die in diesem Zusammenhang oft zitierte Arbeit von Steiniger[111] Ereignisse unter Gefangenschaftsbedingungen) und Tüpfelhyänen, vor allem aber beim Schimpansen! Und das wollen wir uns etwas genauer anschauen:

Jane Goodall äußerte sich zu den Unterschieden zwischen gruppeninternen und gruppenexternen Kämpfen in einem Interview des Westdeutschen Rundfunks u.a. folgendermaßen: »... the most severe fighting is fighting between chimps of different communities. And these fights are different from intra-community fights in two ways. First of all, they last much longer and all of those that we have seen, have been gang attacks, that is two or more males, up to five males, attacking a single victim jointly and they have been very much longer than the fights that we have seen between members of the same community. Fights between members of the same community had the most three minutes, usually they are less than one minute. Fights on members of another community last up to twenty minutes. And secondly the patterns of aggression in inter-community fighting are sometimes different and we have seen patterns otherwise only observed in meat eating contexts, such as tearing off strips of skin from the victim, twisting limbs as so trying to dismember the victim, and even drinking his or her blood. Those we see in killing and hunting of large prey animals. Never ever have we seen them in fights between community members.«[112]

Gekennzeichnet sind solche »kriegsähnlichen« Vorgänge zwische benachbarten Schimpansen-Sozietäten durch »Patrouillenvorstöße« bis tief ins Innere des »feindlichen« Areals und plötzliche »gang attacks« des »Stroßtrupps« auf vereinzelt angetroffene Mitglieder der »feindlichen« Sozietäten, Angriffe von geradezu unglaublicher Brutalität, die keine Flucht des Gegners zulassen, sondern mit schwersten Verletzungen oder dem sofortigen Tod des Opfers enden, wobei Kinder (bis zum Alter von ca. drei Jahren) nicht nur getötet, sondern auch gefressen oder zumindest angefressen werden.

Jane Goodall und ihre Mitarbeiter haben diese Vorgänge in beklemmender Anschaulichkeit beschrieben[113]: Die Patrouillen bestehen vorwiegend aus erwachsenen und jungadulten Männern, gelegentlich sind einzelne erwachsene östrische Weibchen dabei, die sich jedoch kaum an den eigentlichen Kampfhandlungen beteiligen. Die Tiere bewegen sich nach Grenzüberschreitung im »Feindesland« absolut leise, fast geräuschlos, dabei eng auf »Tuchfühlung« bleibend. Oft hält man an, horcht, schaut sich sorgfältig um, wobei man sich biped aufrichtet oder zur besseren Geländeübersicht einen Baum besteigt. An bestimmten Stellen werden Boden oder Pflanzen oder vorgefundener Schimpansenkot berochen, stößt man auf verlassene Schlafnester der »feindlichen« Gruppe, so werden diese zerstört. Bei verdächtigen Geräuschen oder Lauten »erstarrt« der Stoßtrupp gewissermaßen, man schleicht dann extrem vorsichtig und leise in diese Richtung, bis erkennbar wird, ob der Verdacht auf »Feindberührung« richtig war. In solchen im höchsten Maße erregenden Augenblicken kommt es zu typischen *»reassurance«*-Handlungen (z.B. Handberührungen und kurze Umarmungen, alles jedoch absolut lautlos) und auch zu »Schreck-Durchfällen«. Ist der »Feind« zahlen- und kräftemäßig offensichtlich überlegen, so zieht man sich leise zurück; wird man jedoch entdeckt, so erfolgt eilige Flucht – nach dem Motto: »Rette sich, wer kann!« – aus dem »feindlichen« Areal. Bei etwa gleicher Stärke führt man ein spektakuläres »Imponiergehabe« vor, ehe man sich eilig, aber einigermaßen »geordnet« zurückzieht. Handelt es sich jedoch um vereinzelte Mitglieder der Nachbargruppe oder um ein unzweifelhaft unterlegenes Pärchen oder Grüppchen, so erfolgt ein schneller Angriff, und diese Attacken gehören – wie wir bereits gehört haben – zum Brutalsten, was Jane Goodall je gesehen hatte. Sie dauerten oft 15 bis 20 Minuten, man brachte den Opfern schreckliche Wunden bei, die in aller Regel dann auch mehr oder weniger schnell zum Tode führten. Die angreifenden Männer fuhren fort, auf das Opfer einzuschlagen, es zu bespringen und zu beißen, wenn dieses längst bewegungslos und ohne jede Abwehrreaktionen am Boden lag, dabei wurden Handlungen beobachtet, die nie in anderen Kontexten innerartlicher Auseinandersetzung zu sehen waren, so der Versuch, Gliedmaßen durch Drehen auszurenken, Haut mit anhaftendem Fleisch in Streifen abzuziehen, ja selbst das Trinken von Blut – beim Menschen würden wir hier von brutalsten Foltermethoden sprechen! (Ist dabei Empathie im Spiel?) Kinder wurden dabei regelmäßig ihren Müttern entrissen, getötet und dann angefressen wie Jagdbeute. Während Männchen in aller Regel vor Ort getötet oder tödlich verletzt wurden, kam es vor, daß Weibchen – auch Mütter, deren Kinder man gerade getötet hatte – nach Einschüchterung und einzelnen Bissen an der Flucht gehindert und statt dessen »mitgenommen« wurden, was allerdings manchmal dann fast den Eindruck eines »freiwilligen Folgens« (sich in sein Schicksal fügen, um größeren Schaden zu vermeiden) erweckte. So tötete man die »feindlichen« Männer und versuchte, die Frauen der eigenen Sozietät einzuverleiben: für die untereinander in der Regel verwandten Männer der siegenden Sozietät eine erfolgreiche Strategie der eigenen »Gesamtfitneß-Maximierung«! Die hier beschriebenen Patrouillen dauerten bis zu drei Stunden, und sofern kein Angriff erfolgte, verhielten sich die Patrouillenmitglieder die ganze Zeit über trotz größter Nervenanspannung vollkommen still. Erst wenn man wieder auf »eigenem Grund und Boden« angekommen war, entlud sich die Spannung in einem »Ausbruch lauter Rufe«.

Vier Jahre (1974–1978) währten diese aggressiven Feindseligkeiten und Attacken, dauerte der Schimpansen-»Krieg« am

Gombe; immer weiter gelang es der »Nordgruppe«, ihre *»home range«*-Grenze nach Süden zu verschieben. Nach diesen vier Jahren gab es die »Südgruppe« nicht mehr: Sieben erwachsene Männchen und drei erwachsene Weibchen waren getötet worden oder nach schweren Verletzungen verschwunden, die übrigen Weibchen der »Südgruppe« waren in die Sieger-Gruppe eingegliedert, die »Nordgruppe« besetzte das gesamte Areal. Der Sieg war vollkommen! Wem kommt hier nicht der Vergleich mit menschlichen »Ausrottungskriegen«, mit »Genozid« in den Sinn?

Goodall und ihre Mitarbeiter schließen ihren Bericht mit der für unser Thema wichtigen Feststellung: »We lack sufficient data to draw any conclusions from these observations, but we mention them for their intrinsic interest to those who are interested in the evolution of human violence and warfare and its relation to hunting for food. Often it has been suggested that we should consider the behavioral and motivational mechanisms of hunting in a completely separate category from aggressive intraspecific interactions ...: the above observations suggest that, in some instances, similar motivational factors may be involved.«[114] Und Adriaan Kortlandt vermutet aus der entgegengesetzten Blickrichtung ähnliches, wenn er sagt, daß das Kleinwildjagen als Beutegreifverhalten begann, während die Großwildjagd ihre Wurzel im »Intimidations-Verhalten« und in innerartlicher Aggression gehabt habe.[115] Wir haben diesen Zusammenhang im ersten Teil dieses Kapitels bereits behandelt. Wichtig erscheint mir an dieser Stelle aber noch einmal die Hervorhebung, daß ganz offensichtlich bei unseren nächsten stammesgeschichtlichen Verwandten, den Schimpansen – wie bei uns –, keinerlei »angeborene innerartliche Tötungshemmung« (Konrad Lorenz)[116] im Spiel ist.

Es spricht nun einiges dafür, daß blutige Intergruppen-Auseinandersetzungen in der frühen Menschheitsgeschichte eine erheblich größere Rolle spielten als beim Schimpansen. »War is the most general law of the evolution of human societies«, so zitiert Richard Alexander[117] aus G. Bataults bereits 1921 veröffentlichtem Buch *La Guerre Absolue.* Intergruppenkonkurrenz, nicht die erforderliche Kooperation bei der Jagd oder die Abwehr von nichtmenschlichen Feinden war es, die die Organisation und Struktur frühmenschlicher Sozietäten formte; die außermenschliche Konkurrenz hatten die Hominiden mittels ihrer überlegenen Intelligenz wahrscheinlich schon sehr früh weitgehend ausgeschaltet. Was mit Sicherheit blieb, war die Konkurrenz zwischen den menschlichen Sippen um knappe Ressourcen und um Expansionsmöglichkeiten: Der Mensch wurde des Menschen einziger wirklich gefährlicher natürlicher Feind, und miteinander konkurrierende Clans stellten die größte Außengefahr füreinander dar und setzten somit automatisch den schärfsten Selektionsdruck.

»No other sexual organisms compete in groups as extensively, fluidly, and complexly as humans do. No other organisms at all play competitively group-against-group. Most importantly, so far as we know, in no other species do social groups have as their main jeopardy other social groups of the same species – therefore, the unending selective race toward greater social complexity, intelligence, and cleverness in dealing with one another«, so beschreibt Richard Alexander die menschentypische Situation.[118] Kriegerische Auseinandersetzungen zwischen Sozietäten wurden ohne Frage zu einer treibenden Kraft der Kulturrevolution. Und da – wie wir schon gesehen haben – Verwandten-Unterstützung *(»kin selection«)* die erfolgreichste (und daher von der natürlichen Selektion immer favorisierte) Kooperationsstrategie darstellt, braucht es uns nicht zu wundern, daß die konkurrierenden und die sich kriegerisch bekämpfenden sozialen Einheiten Verwandtschaftsclans waren, denn: »in the tribal world warfare is ipso facto the extension of kinship obligations by violence because the political system is organized by kinship« (Chagnon).[119]

Wen mag es da verwundern, daß der »Genozid« zu einem schrecklichen Dauerelement der Menschheitsgeschichte wurde? Der Sieg der Israeliten über die Midianiter, beschrieben im 4. Buch Mose, Kapitel 31, mag hier als Beispiel dienen: »Und der Herr sprach zu Mose: Räche die Kinder Israels an den Midianitern – und sie führten das Heer wider die Midianiter, wie der Herr dem Mose geboten hatte, und erwürgten alles, was männlich war. – Und die Kinder Israels nahmen gefangen die Weiber der Midianiter und ihre Kinder und brachten's zu Mose – und Mose ward zornig über die Hauptleute des Heeres – und sprach zu ihnen: Warum habt ihr alle Weiber leben lassen? – So erwürget nun alles, was männlich ist unter den Kindern, und alle Weiber, die Männer erkannt und beigelegen haben; aber alle Kinder, die weiblich sind und nicht Männer erkannt haben, die laßt für euch leben.«

Hier sieht man zugleich, worum es bei derartigen kriegerischen Auseinandersetzungen primär von jeher gegangen ist: um Rache an nicht blutsverwandten Clans sowie neben den materiellen Ressourcen vor allem um die reproduktiven Ressourcen – die Frauen: Krieg im Dienste biogentischer »Gesamtfitneß-Maximierung« und dabei speziell im Dienste männlicher Reproduktionsstrategien!

Natürlich haben sich die Verhältnisse im Verlauf der menschlichen Kulturgeschichte geändert, und in der modernen hochtechnisierten Welt der Industriestaaten hat der Krieg nicht mehr unbedingt etwas mit der emotionalen Aggressivität auf biologischer Verwandtschaftsbasis zu tun: er kann »kalt bis ans Herz« und nach (fast) rein rationalem Kalkül betrieben werden. Für die emotionale Einstimmung und für die propagandistische »Aufheizung« scheinen die »klassischen« alten Motivationen aber noch immer ein sehr nützliches und besonders effektives Instrument zu sein. Ich meine, Hubert Markl hat mit seiner Anmerkung recht: »Der Mensch ist von Natur ein zu aggressiver Konkurrenz um Nahrung, um Sexualpartner, um Territorium, um sozialen Rang, um Sozialgruppenzugehörigkeit (d.h. gegen Gruppenfremde diskriminierend) formbares (= verführbares = erziehbares) Wesen.«[120] Und es sei nach allen evolutionsbiologischen Erkenntnissen »zu postulieren, daß gegen Gruppenfremde diskriminierende Aggressionsbereitschaft zum Grundinventar evolutionär selektierter Bereitschaften des Menschen gehört, eine Bereitschaft also, die durch geeignete Umwelterfahrung (›Erziehung‹) mühelos hervorgerufen und verstärkt werden kann«.[121]

Zwei Dinge sind es, die uns – abgesehen von der fortgeschrittenen, kaum noch kontrollierbaren Waffentechnik – an der »menschlichen« Kriegsführung generell so betroffen machen: und beide haben sie etwas mit »doppelter Moral« zu tun.

Zum einen ist es der moralische Kontrast des »Freund-Feind«-Denkens und -Fühlens, die »Dehumanisierung« des Gegners – wobei ich allerdings die »Pseudospeziations«-Hypothese von Eibl-Eibesfeldt[122], die besagt, daß erst die Abwertung des Gegners zu einem Nicht-Menschen, also zu einem Nichtartgenossen, die »angeborene innerartliche Tötungshemmung« überwinde, für grundfalsch halte –, die ihre stammesgeschichtliche Wurzel gewiß in der alle höherentwickelten sozial lebenden Tiere auszeichnenden Verhaltensdifferenzierung gegenüber vertrauten Gruppengenossen und außenstehenden »Fremden« hat. Wie schon Charles Darwin 1835 über seine Erfahrungen mit den unter harten Bedingungen lebenden Feuerländern schrieb: »Sie ... waren erbarmungslos gegenüber allen, die nicht ihrem eigenen kleinen Stamm angehörten.«[123] Und Peter Singer beschreibt die »doppelte Moral« des Tötens in der Stammesmentalität der sogenannten »Naturvölker« mit dem nüchternen Satz: »Killing a member of the tribe is wrong and will be punished, but killing a member of another tribe whose path you happen to cross is laudable.«[124] Die Tendenz zur ideologischen Abwertung von »Außenstehenden« steckt tief in unserer Natur. Und diese »doppelte Moral« ist auch im Krieg den modernen Nationalstaaten nicht fremd!

Zum zweiten ist da die »Doppelmoral« in der Bewertung von zivilem Töten und militärischem Töten im Krieg. Wenn die Soldaten – so schreiben Tiger und Fox pathetisch – »mit blutigen Händen aus der Schlacht heimkehren, werden sie mit Ehren und Orden bedacht – ganz im Gegensatz zum vereinzelten Mörder, den Isolierung, Elend und oft der Tod erwarten«.[125] Das Töten im Krieg wird selbst dann im allgemeinen nicht bestraft, wenn es wehrlose Kinder und Frauen betrifft. Die gleiche Tat: einmal öffentlich belobigtes Töten, ein anderes Mal sozial verurteilter Mord! Die »Moral des Tötens« macht auch hier wieder feine Unterschiede!

In seinem Buch *Eines Menschen Zeit* versucht Peter Bamm den sensiblen »Umschlagpunkt« vom Mord zum sozial anerkannten Töten eines Feindes an einem Ereignis im Grabenkrieg des Ersten Weltkrieges aufzuspüren[126]: Franzosen und Deutsche liegen einander auf einige hundert Meter Distanz in ihren Gräben gegenüber. Es ist Herbst und tiefliegende Morgennebel verbergen häufig die feindlichen Linien. Ein deutscher Major nutzt bisweilen diese Gelegenheit zur Jagd auf »Niederwild« zwischen den Fronten. Einmal jedoch steigt der Nebel plötzlich auf und gibt die Sicht frei. Entsetzt sehen die deutschen Kameraden ihren Major im Jagdgewand unmittelbar vor dem feindlichen Graben stehen. Offenbar hebt einer der Franzosen sein Gewehr, der Major droht ihm mit einem Stöckchen. Darauf springen 10 bis 12 französische Soldaten lachend aus ihrer Deckung und rufen:

»Gute Jagd, Herr Major!« Peter Bamm fährt wörtlich fort: »Der Major winkte ihnen freundlich zu und schritt, mit einem Hasen über der Schulter, langsam zu unserem Graben zurück. Hätte in diesen wenigen Minuten, in denen er ein großartiges Ziel bot, ein tödlicher Schuß ihn getroffen, Franzosen und Deutsche hätten das in gleicher Weise als Mord empfunden. Weitere fünf Minuten später war einen Gegner töten kein Mord mehr. Was für ein Geheimnis steckt in diesem Widerspruch?«

Ein persönlicher, ein angenehmer, ja ein freundlich-lustiger, ein menschlicher Kontakt erschwert ohne Frage auch das militärisch-anonyme Töten im Krieg. Wer zu töten ist, sollte möglichst »fremd« sein. Ich erinnere in diesem Zusammenhang an das im vorausgehenden Kapitel schon einmal vorgestellte Zitat von David Barash: »Auf den Molukken konnte die Kopfjagd nur von hinten vorgenommen werden. Nachdem man das Gesicht des Gegners gesehen hatte, wäre die Tötung Mord gewesen.«[127] Und Annette Baier hat in ihrem Vortrag über *Violent Demonstrations* treffend gesagt: »The bomber and the dumper are usually spared the sight of their victims, the knowledge of whom exactly they have killed and how they died. The reproaches of such faceless victims will be easier to ignore than those of face-to-face killings, expecially when the killers are themselves not bare faced, but wear masks for higher authorities who gave the orders.«[128]

Damit spricht Annette Baier zugleich den zweiten wichtigen Punkt dieser »doppelten Moral« an: Im Krieg übernimmt der Staat oder eine andere von der Gemeinschaft anerkannte Institution – das kann auch ein Gott sein! – die Verantwortung für das Töten, der einzelne ist (offiziell) von dieser schweren Bürde entlastet. Sogenannte »höhere Ziele«, Gemeinschaftszwecke »entbinden« im Krieg von persönlicher Verantwortung, sie »entmoralisieren« die Handlungen des einzelnen. In Peter Bamms Geschichte aber hob der individualisierte »menschliche« Kontext der besonderen Situation diese »Norm«, diese »andere Moral« für einen Augenblick wieder auf.

Und derartige, den Einzelkämpfer von seiner persönlichen Verantwortung »befreienden« Institutionen sind offenbar fähig, den Menschen so zu »entkernen«, das er ungeheure Verbrechen begeht, Untaten, die sonst kaum vollbracht werden würden! Wie aber, wenn solche Institutionen »beliebig« werden, wenn sie schließlich mehr oder weniger reinen »Anmaßungscharakter« bekommen? Die Grenzen sind fließend, das gilt es zu bedenken. Ich zitiere noch einmal Annette Baier: »These fine moral distinctions learned off the battlefield will not and should not make much sense to those who can discern no lines between battle and other fields, whose right to raise armies is contested, whose license to authorize violence is not recognized by the club of licensors, whose flags do not get treated as national flags, nor given the respect granted to papal banners, Red Cross or United Nations banners. The terrorist's group is an outlaw group, since refused in-law status, and for outlaws all fields are battlefields.«[129] Das jedoch liegt längst jenseits aller Biologie.

Nur einen Punkt möchte ich an dieser Stelle noch einmal ausdrücklich hervorheben. Es sollte jedem Leser, der mir bis hierher gefolgt ist, selbstverständlich sein, daß ich den Standpunkt der Konrad Lorenz-Schule – hier wiedergegeben durch ein knappes Zitat von Eibl-Eibesfeldt – für grundsätzlich falsch halte: »Die uns Menschen angeborene Tötungshemmung wird auch im Krieg ausgeschaltet. Dem biologischen Normenfilter, der zu töten verbietet, wird ein kultureller Normenfilter überlagert, der das Töten zur Pflicht macht, es zur guten Tat erhebt. Dazu bedarf es einer massiven Indoktrinierung, in deren Verlauf u.a. der Gegner quasi als Nichtmensch präsentiert wird.«[130] Als Primaten haben wir nie eine »angeborene innerartliche Tötungshemmung« besessen, einen »biologischen Normenfilter, der zu töten verbietet« hat es in unserer Naturgeschichte nie gegeben, und es bedarf zum Töten des Menschen durch den Menschen – sei dies im Krieg oder bei anderen Gelegenheiten – keiner Indoktrinierung, die den Gegner »quasi zum Nichtmenschen« stempelt. Der aus dieser Sichtweise leicht ableitbare »Kulturpessimismus« ist unbegründet: Die Natur ist nicht moralisch »gut«, sie kann uns nicht als sittliches Vorbild dienen, und die Kultur hat uns gegenüber unserem Naturzustand moralisch nicht »schlechter« gemacht und sittlich nicht abgewertet. »Das *Naturwesen* Mensch scheint keine natürlichen Vorgaben zu besitzen, die an der Artgenossentötung hinderten«, so schreibt auch Volker Sommer und fährt fort: »Eine wirksame Gegensteuerung können wir nur vom *Kulturwesen* Mensch erwarten.«[131]

Damit komme ich zum Schluß. Es mag unser Selbstwertgefühl

ein wenig irritieren, wenn jemand versucht, unsere gewiß einzigartige Position im Reich des Lebendigen einmal nicht an den strahlenden Errungenschaften unseres Intellekts und den leuchtenden Tugenden unseres sittlichen Wesens aufzuzeigen, sondern an den – freilich damit gekoppelten – schrecklichen Fähigkeiten zu Mord, Sadismus, Blutrache und Krieg. Das alles jedoch hängt zusammen wie Licht und Schatten, und das alles charakterisiert den Menschen gleichermaßen in seiner Sonderstellung. Ein Faktum, ganz sicher aber keine moralische Entschuldigung!

»Vielgestaltig ist das Ungeheure, doch nichts ist ungeheurer als der Mensch«, so charakterisierte schon Sophokles die furchterregende Ambivalenz des Menschen.[132]

Schluß

Ich möchte versuchen, in wenigen Sätzen die *moralische* Quintessenz meiner Ausführungen hervorzuheben:

1. Unsere »Natur« ist – zwangsläufig – *»genetisch eigennützig«* (im Sinne einer »Gesamtfitneß«-Maximierung) und entsprechend auch hilfsbereit, aber eben nicht egalitär und universal, sondern eindeutig diskriminierend. Der »natürliche« Adressatenkreis von kooperativen und »altruistischen« Akten ist eng begrenzt, wobei Verwandtenbevorzugung und verläßliche Reziprok-Beziehungen innerhalb einer individuell überschaubaren und vertrauten Gruppe die Auswahlkriterien und die Grenzen setzen.

2. Unsere »natürliche Moral«, oder sagen wir vorsichtiger: unsere durch die biogenetische Stammesgeschichte aufgebauten »prämoralischen« Verhaltenstendenzen gleichen in vieler Hinsicht einer fein diskriminierenden *»doppelten Moral«,* wie wir an den Beispielen der diskriminierenden Bewertungs- und Behandlungsstile von verwandt vs. nichtverwandt, *»ingroup«* vs. *»outgroup«,* männlich vs. weiblich und gerechtfertigtes vs. nichtgerechtfertigtes Töten erkannt haben.

3. Nur der Mensch verfügt über alle jene (ebenfalls phylogenetisch entstandenen) kognitiv-intellektuellen, emotionalen und sozialen Fähigkeiten, die seinem Handeln – jetzt allerdings zwangsläufig und unabdingbar – *moralische Qualität* verleihen, eine neue Dimension, der wir nie mehr entrinnen können. Nur wir tragen Verantwortung, und sie bleibt uns als Verpflichtung.

4. Unsere Ethik darf sich die Natur nicht zum Vorbild nehmen; jeder Versuch, aus den »Ist«-Zuständen der Natur moralische »Soll«-Werte für menschliches Verhalten abzuleiten, fällt unter die Rubrik *»naturalistischer Fehlschluß«.* Ethik bedarf weder einer evolutionsbiologischen Legitimation, noch ist eine solche überhaupt möglich. Wie schon Thomas Henry Huxley 1893 in seiner berühmten Schrift *Evolution and Ethics* anmahnte: »Wir sollten erkennen, und zwar ein und für allemal, daß der ethische Fortschritt der Gesellschaft nicht von der Nachahmung des kosmischen Prozesses und noch weniger von der Flucht vor ihm, sondern vom Kampf gegen ihn abhängt.«[1]

5. Allerdings wird sich eine wirkungsvolle Moral doch noch insoweit an der »Natur« des Menschen orientieren müssen, als sie nur fordern sollte, was der Mensch – unter allen erforderlichen Anstrengungen, versteht sich – auch zu leisten imstande ist. Eine Ethik, die nicht auf unser »Können« Rücksicht nimmt, wird immer eine »Postulaten-Ethik« bleiben und nie in »faktische Moral« umsetzbar sein. Auch das ist eine »doppelte Moral«: eine Ethik, die alle als hochwertig akzeptieren, an die sich aber keiner persönlich hält.

Wenn Evolutionsbiologie legitimerweise nur herausfinden kann, was »ist«, nicht jedoch, was im normativen Sinne sein »soll«, welchen Nutzen kann sie dann für die Auseinandersetzung mit Moral und Ethik haben? Ich wiederhole hier die treffliche Antwort, die eine internationale Arbeitsgruppe auf einer interdisziplinären Konferenz zum Thema *»Morality as a Biological Phenomen«* gegeben hat: »1) Biology may help answer the question of the origin of moral universals. This does not imply that it could justify why those universals ought to be universals. 2) Once a society has agreed as to what morality its members ought to follow, a better knowledge of human nature, as provided by biology and other behavioral sciences, could help to indicate what measures (e.g., strategies of education and socialization) would be taken in order to insure that these norms are optimaly obeyed and that undesired side-effects are avoided. Again, biology cannot justify the claim that moral laws ought to conform to human nature.«[2]

Und speziell bezogen auf das Thema diese Buches hoffe ich, den Lesern den Blick dafür geöffnet zu haben, daß eine Fülle von sozialen Konflikten, von Töten, Mord und Blutrache ihre Wurzeln und letzten Ursachen tief in biologischen Zusammenhängen haben. Ein möglichst tiefgreifendes Verständnis dieser Zusammenhänge schafft bessere Chancen, diese destruktiven Potenzen abzubauen und die Konflikte zu meistern.

Anmerkungen

Einführung

1 Lopreato, Joseph: Human Nature and Morality: A Sociobiological Perspective. In: Politics and the Life Sciences, Vol. 6, 1988, S. 211.
2 Busch, Wilhelm: Epilog zu „Die fromme Helene".
3 Mohr, Hans: Natur und Moral – Ethik in der Biologie. Darmstadt 1987, S. 98.
4 Seneca, Lucius Annäus: Philosophische Schriften. Dt. von August Pauly und A. Haakh, hrsg. von Thassilo v. Scheffer, 2. Bd., Berlin 1924, S. 11f.
5 Hobbes, Thomas: Leviathan (1651). Stuttgart 1980.
6 Rousseau, Jean-Jacques: Der Gesellschaftsvertrag (1762). Stuttgart 1977.
7 Darwin, Charles: On the Origin of Species by Means of Natural Selection. London 1859. Dt. Die Entstehung der Arten durch natürliche Zuchtwahl. Übers. von Carl W. Neumann, Stuttgart 1963.
8 Kropotkin, Peter: The Ethic Need of the Present Day. In: The Nineteenth Century, S. 207–226, 1904. Hier zitiert nach der deutschen Übersetzung: Das Bedürfnis der Gegenwart nach Ausgestaltung der Grundlagen der Sittlichkeit, nachgedruckt in: Der Darwinismus. Die Geschichte einer Theorie (hrsg. von Günter Altner), S. 150–169, Darmstadt 1981, S. 162.
9 Kropotkin, Peter: Mutual Aid. A Factor of Evolution. New York 1902. Dt. Gegenseitige Hilfe in der Tier- und Menschenwelt. Frankfurt/M. 1975, S. 83.
10 S. Anmerkung 8, S. 167.
11 Huxley, Thomas Henry: The Struggle for Existence in Human Society. In: The Nineteenth Century, Vol. 23, S. 161–180, 1888. Hier zitiert nach der deutschen Übersetzung: Der Daseinskampf in der menschlichen Gesellschaft, nachgedruckt im Anhang der Taschenbuchausgabe von Peter Kropotkin: Gegenseitige Hilfe in der Tier- und Menschenwelt, Frankfurt/M. 1975, S. 301, 303.
12 Nietzsche, Friedrich: Jenseits von Gut und Böse (1886). Stuttgart 1976, S. 14.
13 Lorenz, Konrad: Das sogenannte Böse. Wien 1963, S. 73, S. 47.
14 Lorenz, Konrad: Ganzheit und Teil in der tierischen und menschlichen Gemeinschaft. In: Studium Generale, 1950, Heft 9, S. 493.
15 Ebd., S. 482.
16 Ebd., S. 483.
17 Ebd., S. 484.
18 Ebd., S. 484.
19 S. Anm. 3, S. 105.

20 Wickler, Wolfgang: Sind wir Sünder? Naturgesetze der Ehe. München 1969, S. 24.
21 Darwin, Charles: The Descent of Man, and Selection in Relation to Sex. London 1871. Dt. Die Abstammung des Menschen. Stuttgart 1982. Siehe die Argumentation auf S. 159f.
22 S. Anm. 13.
23 S. Anm. 21, S. 215.

1. Natürliche Selektion und das Prinzip Eigennutz

1 Cicero: De legibus III, iii, 8. Zitiert aus E.-J. Lampe, s. Anm. 3, S. 19.
2 Aquin, Thomas von: Summa theologica II/II, 58, 6. Zitiert aus E.-J. Lampe, s. Anm. 3, S. 19.
3 Lampe, Ernst-Joachim: Das Menschenbild des Rechts – Abbild oder Vorbild? In: Beiträge zur Rechtsanthropologie, Stuttgart 1985, S. 19.
4 Hassenstein, Bernhard: Evolution der Werte. In: Evolution und Menschenbild, hrsg. von R.J. Riedl und F. Kreuzer, Hamburg 1983, S. 77.
5 Hofstadter, Douglas R.: Metamagikum. Kann sich in einer Welt voller Egoisten kooperatives Verhalten entwickeln? In: Spektrum der Wissenschaft, August 1983, S. 10.
6 Lorenz, Konrad: Über das Töten von Artgenossen. In: Jahrbuch der Max-Planck-Gesellschaft, Göttingen 1955, S. 105.
7 Ebd.
8 Eibl-Eibesfeldt, Irenäus: Die Biologie des menschlichen Verhaltens. Grundriß der Humanethologie. München 1984, S. 882, S. 883.
9 Campbell, Donald T.: Social Morality Norms as Evidence of Conflict between Biological Human Nature and the Social System Requirements. In: Morality as a Biological Phenomenon, hrsg. von Gunter S. Stent, Berlin 1978, S. 78.
10 Lorenz, Konrad: Moral-analoges Verhalten geselliger Tiere. In: Forschung und Wirtschaft 4, 1954, S. 1–23.
11 S. Anm. 6.
12 Lorenz, Konrad: Das sogenannte Böse. Wien 1963, S. 277f.
13 S. Anm. 8, S. 867 und S. 883.
14 S. Anm. 10.
15 S. Anm. 12 und Lorenz, Konrad: Ganzheit und Teil in der tierischen und menschlichen Gemeinschaft. In: Studium Generale, 1950, Heft 9, S. 454–499.
16 S. Anm. 8, S. 876.
17 S. Anmerkungen 6, 12 und 15.
18 Leyhausen, Paul: The Biological Basis of Ethics and Morality. In: Science, Medicine and Man 1, 1974, S. 228.
19 S. Anm. 12, S. 338.
20 Singer, Peter: The Expanding Circle. Ethics and Sociobiology. Oxford 1981, 1983, S. 60.
21 Darwin, Charles: On the Origin of Species by Means of Natural Selection. London 1859.

22 Darwin, Charles: The Descent of Man, and Selection in Relation to Sex. London 1871. Nachfolgende Zitate aus dt. Die Abstammung des Menschen, Stuttgart 1982, S. 167 und S. 170.

23 Lamarck, Jean B. de: Philosophie Zoologique, où exposition des considerations relatives à l'histoire naturelle des animaux. Paris 1809.

23a Hamilton, William D.: The Genetical Evolution of Social Behavior. In: Journal of Theoretical Biology 7, 1964, S. 1–52.

24 Wickler, Wolfgang: Hat die Ethik einen evolutionären Ursprung? In: Die Verführung durch das Machbare. Ethische Konflikte in der modernen Medizin und Biologie, hrsg. von P. Koslowski, P. Kreuzer und R. Löw, Stuttgart 1983, S. 139.

25 Dawkins, Richard: The Selfish Gene. Oxford 1976. Dt. Das egoistische Gen. Berlin 1978.

26 Dawkins, Richard: The Extended Phenotype: The Gene as the Unit of Selection. Oxford 1982.

27 Ebd.

28 Maynard Smith, John: Group Selection and Kin Selection. In: Nature 201, 1964, S. 1145–1147.

29 S. Anm. 23a.

30 Alexander, Richard: Darwinism and Human Affairs. Seattle 1979.

31 Trivers, Robert L.: The Evolution of Reciprocal Altruism. In: Quarterly Review of Biology 46, 1971, S. 35–57.

32 Axelrod, Robert: The Evolution of Cooperation. New York 1984. Dt. Die Evolution der Kooperation. München 1987.

33 S. Anm. 22, S. 167.

34 Gibbon, Edward: Geschichte des Verfalls und Untergangs des Römischen Reiches.

35 S. Anm. 20, S. 160.

36 Alexander, Richard D.: Biologie und moralische Paradoxa. In: Der Beitrag der Biologie zu Fragen von Recht und Ethik, Schriftenreihe zur Rechtssoziologie und Rechtstatsachenforschung Bd. 54, hrsg. von M. Grüter und M. Rehbinder, Berlin 1983, S. 166.

37 Williams, George C.: Huxley's Evolution and Ethics in Sociobiological Perspective. In: Zygon: Journal of Religion and Science 23, Heft 4, 1988, S. 385.

38 Huxley, Thomas Henry: The Struggle for Existence in Human Society. In: The Nineteenth Century Vol. 23, S. 161–180, 1888. Hier zitiert nach der deutschen Übersetzung: Der Daseinskampf in der menschlichen Gesellschaft, nachgedruckt im Anhang der Taschenbuchausgabe von Peter Kropotkin: Gegenseitige Hilfe in der Tier- und Menschenwelt, Frankfurt/M. 1975, S. 297.

39 Nietzsche, Friedrich: Jenseits von Gut und Böse. Stuttgart 1976, S. 14.

40 Markl, Hubert: Wie unfrei ist der Mensch? In: Natur und Geschichte, hrsg. von Hubert Markl, München 1983, S. 42 und S. 41.

41 S. Anm. 25, S. 2f.

2. Evolutionsbiologie und die „doppelte Moral"

1 Kropotkin, Peter: Mutual Aid. A Factor of Evolution. New York 1902. Dt. Gegenseitige Hilfe in der Tier- und Menschenwelt. Frankfurt/M. 1975; S. 115f.

2 Mackie, J.L.: Cooperation, Competition and Moral Philosophy. In: Cooperation and Competition in Humans and Animals, hrsg. von A.M. Colman, Wokingham 1982, S. 282.

3 Zitiert nach Barash, David: Das Flüstern in uns. Ursprung und Entwicklung menschlichen Verhaltens. Frankfurt/M. 1981, S. 162.

4 Lopreato, Joseph: Human Nature and Morality: A Sociobiological Perspective. In: Politics and the Life Sciences, Vol. 6, 1988, S. 212.

5 Zitiert nach Hrdy, Sarah Blaffer und Williams, George C.: Behavioral Biology and the Double Standard. In: Social Behavior of Female Vertebrates, hrsg. von S.K. Wasser, New York 1983, S. 4.

6 Ebd., S. 5.

7 Murdock, George Peter: Ethnographic Atlas. Pittsburgh 1967.

8 Gewöhnlich handelt es sich dabei um „fraternale" Polyandrie, d.h. Brüder heiraten eine gemeinsame Frau. Dies geschieht vor allem unter den ökonomischen Bedingungen eines begrenzten und nicht erweiterungsfähigen Familienbesitzes, der bei Aufteilung unter den Brüdern keine ausreichende Lebensgrundlage mehr abgeben würde.

9 Daly, Martin und Wilson, Margo: Homicide. New York 1988. Siehe speziell S. 134. Weiterhin: Dickemann, Mildred: The Ecology of Mating Systems in Hypergynous Dowry Societies. In: Social Science Information 18, S. 163–195, 1979. Betzig, Laura L.: Despotism and Differential Reproduction. A Darwinian View of History. New York 1986.

10 Symons, Donald und Ellis, Bruce: Male-Female Differences in the Desire to Have Sexual Intercourse with an Anonymous New Partner. In: The Sociobiology of Sexual and Reproductive Strategies, hrsg. von A.E.O. Rasa, C. Vogel und E. Voland, London 1989, S. 131–146.

11 Burton (1976) zitiert aus: s. Anm. 5, S. 4.

12 Darwin, Charles: The Descent of Man, and Selection in Relation to Sex. London 1871.

13 Singer, Peter: The Expanding Circle. Ethics and Sociobiology. Oxford 1981, S. 56.

14 Clement, U.: Sexualität im sozialen Wandel. Eine empirische Vergleichsstudie an Studenten 1966 und 1981. (Beiträge zur Sexualforschung, Bd. 61) Stuttgart 1986.

15 Hrdy, Sarah Blaffer: The Woman that Never Evolved. Cambridge (Mass.) 1981.

16 Betzig, Laura L.: Despotism and Differential Reproduction. A Darwinian View of History. New York 1986, S. 27f.

17 S. Anm. 12. Die nachfolgenden Zitate aus dt. Die Abstammung des Menschen, Stuttgart 1982, S. 123, 138, 148, 149 und 151.

18 Sidgwick, Henry: The Methods of Ethics. London 1874. Hier zitiert

nach Günther Patzig: Verhaltensforschung und Ethik, Neue Deutsche Hefte, Heft 184, 1984, S. 680.

19 Lorenz, Konrad: Über das Töten von Artgenossen. In: Jahrbuch der Max-Planck-Gesellschaft, Göttingen 1955, S. 105.

20 S. Anm. 3, S. 179.

21 Alexander, Richard D.: Biologie und moralische Paradoxa. In: Der Beitrag der Biologie zu Fragen von Recht und Ethik, hrsg. von M. Gruter und M. Rehbinder, Schriftenreihe zur Rechtssoziologie und Rechtstatsachenforschung Bd. 54, Berlin 1983, S. 172.

22 Huxley, Thomas Henry: Evolution and Ethics. The Romanes Lecture 1893. Nachgedruckt in: Huxley, Thomas Henry und Huxley, Julian: Touchstone for Ethics. London 1947, S. 91.

23 Kelsen, Hans: Was ist Gerechtigkeit? Wien 1975, 2. Auflage, S. 37.

24 Rieger, Jürgen: Buchbesprechung in: Neue Anthropologie, Heft 3, 1987, S. 74.

25 Stent, Gunter: Ethische Dilemmas der Biologie. In: Verantwortung und Ethik in der Wissenschaft, hrsg. von der Max-Planck-Gesellschaft, 1984, S. 89.

26 Patzig, Günther: Verhaltensforschung und Ethik. In: Neue Deutsche Hefte, 1984, S. 684.

3. Vom Töten zum Mord

1 Daly, Martin und Wilson, Margo: Homicide. New York 1988, S. 204.

2 Mohr, Hans: Natur und Moral. Ethik in der Biologie. Darmstadt 1987, S. 105.

3 Lorenz, Konrad: Das sogenannte Böse. Wien 1963.

4 Markl, Hubert: Evolutionsbiologie des Aggressionsverhaltens. In: Aggression: Naturwissenschaftliche und kulturwissenschaftliche Perspektiven der Aggressionsforschung, hrsg. von Reinhard Hilke und Wilhelm Kempf, Bern 1982, S. 33.

5 Kortlandt, Adriaan: New Perspectives on Ape and Human Evolution. Amsterdam 1972, und: Kortlandt, Adriaan: Diskussionsbeitrag in: Socioecology and Psychology of Primates, hrsg. von Russell H. Tuttle, The Hague 1975, S. 301f.

6 Eibl-Eibesfeldt, Irenäus: Krieg und Frieden aus der Sicht der Verhaltensforschung. München 1975, S. 85.

7 Goodall, Jane: The Chimpanzees of Gombe. Patterns of Behavior. Cambridge (Mass.) 1986, S. 271.

8 Boesch, Christian: zitiert nach einem Referat, gehalten auf dem XIth Congress of the International Primatological Society, Göttingen 1986.

9 S. Anm. 6, S. 90.

10 Kortlandt, Adriaan: Diskussionsbeitrag in: Sociobiology and Psychology of Primates, hrsg. von Russell H. Tuttle, The Hague 1975, S. 301f.

11 Teleki Geza: Predatory Behavior of Wild Chimpanzees. Lewisburg 1973.

12 S. Anm. 7. Berechnet nach Tabelle 11.2 (S. 269) für den Beobachtungszeitraum 1960–1981.

13 Goodall, J.; Bandora, A.; Bergmann, E.; Busse, C.; Matama, H.; Mpongo, E.; Pierce, A. und Riss, D.: Inter-Community Interactions in the Chimpanzee Population of the Gombe National Park. In: The Great Apes, hrsg. von D. A. Hamburg und E. R. McCown, Menlo Park (Calif.) 1979, S. 53.
14 S. Anm. 6, S. 90.
15 Vgl. u.a.: Chance, Michael R.A. und Jolly, C.J.: Social Groups of Monkeys, Apes and Man. London 1970. Kummer, Hans: Primate Societies. Chicago 1971. Kummer, Hans: Social Knowledge in Free-Ranging Primates. In: Animal Mind – Human Mind, hrsg. von D.R. Griffin, S. 113–130, Berlin 1982. Humphrey, N.K.: The Social Function of Intellect. In: Growing Points in Ethology, hrsg. von P.G. Bateson und R.A. Hinde, S. 303–317, Cambridge (U.K.) 1976. Vogel, Christian: Praedispositionen bzw. Praeadaptationen der Primaten-Evolution im Hinblick auf die Hominisation. – In: Hominisation und Verhalten, hrsg. von G. Kurth und I. Eibl-Eibesfeldt, S. 1–31, Stuttgart 1975. Vogel, Christian: Die biologische Evolution menschlicher Kulturfähigkeit. In: Natur und Geschichte, hrsg. von H. Markl, S. 102–127, München 1983. Vogel, Christian: Prädispositionen für die Hominisation in der Primatenphylogenese. In: Aktuelle Probleme der Hominidenevolution (Veröffentlichungen aus dem Übersee-Museum Bremen, Reihe A, Band 9), S. 9–26, Bremen 1987.
16 Humphrey, N.K.: The Social Function of Intellect. In: Growing Points in Ethology, hrsg. von P.G. Bateson und R.A. Hinde, Cambridge (U.K.) 1976, S. 312.
17 Kummer, Hans: Primate Societies. Chicago 1971.
18 Lorenz, Konrad: Über das Töten von Artgenossen. – In: Jahrbuch der Max-Planck-Gesellschaft, Göttingen 1955, S. 105.
19 S. Anm. 3, S. 71.
20 S. Anm. 3, S. 155 und S. 156f.
21 S. Anm. 18.
22 Tiger, Lionel und Fox, Robin: Das Herrentier. München 1976, S. 275.
23 Darwin, Charles: The Descent of Man, and Selection in Relation to Sex. London 1871. Dt. Die Abstammung des Menschen. Stuttgart 1982, S. 123.
24 S. Anm. 3, S. 172f.
25 entfällt.
26 Darwin, Charles: On the Origin of Species by Means of Natural Selection. London 1859. Dt. Die Entstehung der Arten durch natürliche Zuchtwahl. Stuttgart 1962, S. 650.
27 S. Anm. 23. Hier zitiert nach der englischen Originalausgabe, S. 871.
28 S. Anm. 1.
29 Maynard Smith, John und Price, G.R.: The Logic of Animal Conflict. In: Nature 246, 1973, S. 15–18.
30 Fossey, Dian: Mein Leben für die Berggorillas. In: Geo, 1986, Heft 5, S. 132.
31 S. Anm. 7, S. 330.

32 S. Anm. 13.
33 Rasa, Anne E.: Die perfekte Familie. Leben und Sozialverhalten der afrikanischen Zwergmungos. Stuttgart 1984.
34 S. Anm. 3, S. 47.
35 S. Anm. 1.
36 S. Anm. 6, S. 147.
37 S. Anm. 23. Hier zitiert nach der deutschen Ausgabe, S. 53.
38 S. Anm. 18, S. 105.
39 Lorenz, Konrad: Psychologie und Stammesgeschichte. – In: Die Evolution der Organismen, hrsg. von Gerhard Heberer, Jena 1943, S. 105–127.
40 Reichhaltiges Material zu dieser Frage findet sich in: Hausfater, Glenn und Hrdy, Sarah Blaffer, Infanticide: Comparative and Evolutionary Perspectives. New York 1984.
41 Dickemann, Mildred: Concepts and Classification in the Study of Human Infanticide: Sectional Introduction and Some Cautionary Notes. In: Infanticide. Comparative and Evolutionary Perspectives, hrsg. von Glenn Hausfater und Sarah Blaffer Hrdy, New York 1984, S. 430.
42 Ebd., S. 431.
43 Borgerhoff Mulder, Monique: Adaptation and Evolutionary Approaches to Anthropology. In: Man (N.S.) 22, 1987, S. 33.
44 Borgerhoff Mulder, Monique: Progress in Human Sociobiology. In: Anthropology Today 3, 1987, S. 7.
45 Daly, Martin und Wilson, Margo: A Sociobiological Analysis of Human Infanticide. In: Infanticide: Comparative and Evolutionary Perspectives, hrsg. von Glenn Hausfater und Sarah Blaffer Hrdy, New York 1984, S. 488.
46 Ebd., S. 489.
47 Polge, C. et al: The Effect of Reducing the Number of Embryos during Early Stages of Gestation on the Maintenance of Pregnancy in the Pig. In: Journal of Reproduction and Fertility 12, 1966, S. 395–397.
48 „Göttinger Tageblatt“ vom 26. Juni 1985.
49 Scrimshaw, Susan C.M.: Infanticide in Human Populations: Societal and Individual Concerns. In: Infanticide: Comparative and Evolutionary Perspectives, hrsg. von Glenn Hausfater und Sarah Blaffer Hrdy, New York 1984, S. 450.
50 Daly, Martin und Wilson, Margo: Evolutionary Social Psychology and Family Homicide. In: Science 242, 1988, S. 521/522.
51 Schiefenhövel, Wulf: Populationsdynamische Homöostase bei den Eipo in West-Neuguinea. In: Regulation, Manipulation und Explosion der Bevölkerungsdichte. Veröffentlichung der Joachim Jungius-Gesellschaft der Wissenschaften Hamburg Nr. 55, hrsg. von Otto Kraus, Göttingen 1986. Daten s. Tabelle 4, S. 63. Weitere Einzelheiten bei Schiefenhövel, Wulf: Geburtsverhalten und reproduktive Strategien der Eipo. In: Mensch, Kultur und Umwelt im zentralen Bergland von West-Neuguinea, Vol. 16, Berlin 1988; Schiefenhövel, Wulf: Reproduction

and Sex-Ratio Manipulation through Preferential Female Infanticide among the Eipo, Highlands of West-New Guinea. In: The Sociobiology of Sexual and Reproductive Strategies, hrsg. von Anne E. O. Rasa, Christian Vogel und Eckart Voland, S. 170–193, London 1989.

52 Dickemann, Mildred: Female Infanticide, Reproductive Strategies, and Social Stratification: A Preliminary Model. In: Evolutionary Biology and Human Social Behavior: An Anthropological Perspective, hrsg. von Napoleon Chagnon und William Irons, S. 321–367, North Scituate (Mass.) 1979.

53 Paul, Andreas und Küster, Jutta: Sex Ratio Adjustment in a Seasonally Breeding Primate Species: Evidence from the Barbary Macaque Population at Affenberg Salem. In: Ethology 74, S. 117–132, 1987.

54 Entsprechende statistische Daten liegen hinsichtlich des sozioökonomischen Status auch aus den USA, also von modernen menschlichen Industriegesellschaften vor: Trivers, Robert L.: Social Evolution. Menlo Park (Ca.) 1985. Daten s. S. 297f.

55 Trivers, Robert L. und Willard, D.E.: Natural Selection of Parental Ability to Vary the Sex Ratio of Offspring. – In: Science 179, S. 90–92.

56 S. Anm. 52.

57 Voland, Eckart: Human Sex-Ratio Manipulation: Historial Data from a German Parish. In: Journal of Human Evolution 13, 1984, S. 99–107.

58 S. Anm. 1.

59 Goodall, Jane: Infant Killing and Cannibalism in Free-Living Chimpanzees. In: Folia primatologica 28, 1977, S. 259–282.

60 Siehe Anm. 7, S. 284.

61 S. Anm. 7 und Anm. 59. Weiterhin: Suzuki, A.: Carnivority and Cannibalism Observed among Forest-Living Chimpanzees. – In: Journal of the Anthropological Society of Nippon 79, S. 30–48.

62 S. Anm. 30, S. 130.

63 In dieser Hinsicht sachbezogene Publikationen unseres Teams: Vogel, Christian und Loch, Hartmut: Reproductive Parameters, Adult-Male Replacements, and Infanticide among Free-Ranging Langurs *(Presbytis entellus)* at Jodhpur (Rajasthan), India. – In: Infanticide: Comparative and Evolutionary Perspectives, hrsg. von Glenn Hausfater und Sarah Blaffer Hrdy, S. 237–255, New York 1984. Sommer, Volker und Mohnot, S.M.: New Observations on Infanticides among Hanuman Langurs *(Presbytis entellus)* near Jodhpur (Rajasthan), India. In: Behavioral Ecology and Sociobiology 16, S. 245–248, 1985. Winkler, Paul; Loch, Hartmut und Vogel, Christian: Life History of Hanuman Langurs *(Presbytis entellus):* Reproductive Parameters, Infant Mortality, and Troop Development. In: Folia primatologica 43, S. 1–12, 1984. Sommer, Volker: Infanticide among Free-Ranging Langurs *(Presbytis entellus)* at Jodhpur (Rajasthan/India): Recent Observations and a reconsideration of Hypotheses. In: Primates 28, S. 163–197, 1987. Agoramoorthy, G. und Mohnot, S.M.: Infanticide and Juvenilicide in Hanuman Langurs *(Presbytis entellus)* around Jodhpur, India. In: Human Evolution 3, S. 279–296, 1988. Agoramoorthy, G.; Mohnot, S.M.; Sommer, V. und Sriva-

stava, A.: Abortions in Free-Ranging Hanuman Langurs *(Presbytis entellus)*. A Male Induced Strategy? In: Human Evolution 3, S. 297–308, 1988. Sommer, Volker und Rajpuhorit, Lal Singh: Male Reproductive Success in Harem Troops of Hanuman Langurs *(Presbytis entellus)*. Im Druck. Zu den alternativen Erklärungshypothesen siehe: Hausfater, Glenn und Vogel, Christian: Infanticide in Langur Monkeys (Genus *Presbytis*): Recent Research and a Review of Hypotheses. In: Advanced Views in Primate Biology, von A.B. Chiarelli und R.S. Corruccini, S. 160–176, Berlin/Heidelberg 1982.

64 Hill, Kim und Kaplan, Hillard: Tradeoffs in Male and Female Reproductive Strategies among the Ache: Part 2. In: Human Reproductive Behavior, hrsg. von Laura Betzig, Monique Borgerhoff Mulder und Paul Türke, S. 291–305, Cambridge (U.K.) 1988.

65 S. Anm. 50, S. 520.

66 Ebd.

67 Ebd.

68 S. Anm. 3, S. 71.

69 S. Anm. 18, S. 105.

70 Huxley, Thomas Henry: The Struggle for Existence in Human Society. In: The Nineteenth Century, Vol. 23, S. 161–180.

71 S. Anm. 2, S. 105.

72 Seitelberger, Franz: Freiheit und Verantwortung: Neurobiologische und Medizinische Gesichtspunkte. – Unveröffentlichter Abstract zur Vorbereitung der Tagung: Erträge der Verhaltensforschung für die Sozialwissenschaften und Konsequenzen für das Recht, 4.–6.9.1985 in München.

73 Fried, C.: Biology and Ethics: Normative Implications. In: Morality as a Biological Phenomenon, hrsg. von Gunther S. Stent, Berlin 1978, S. 216.

74 Bischof, Norbert: On the Phylogeny of Human Morality. In: Morality as a Biological Phenomenon, hrsg. von Gunther S. Stent, S. 53–73, Berlin 1978.

75 Wispé, L.: Indroduction. In: Altruism, Sympathy, and Helping, hrsg. von L. Wispé, S. 1–9, New York 1968.

76 S. Anm. 16, S. 313.

77 Buys, D.J. und Larson, K.L.: Human Sympathy Groups. In: Psychological Reports 45, 1979, S. 551.

78 Mackie, John L.: Cooperation, Competition and Moral Philosophy. In: Cooperation and Competition in Humans and Animals, hrsg. von Andrew M. Colman, Wokingham (U.K.) 1982, S. 276.

79 Vogel, Christian: Die biologische Evolution menschlicher Kulturfähigkeit. In: Natur und Geschichte, hrsg. von Hubert Markl, S. 101–127, München 1983.

80 Slobodkin, L.B.: Is History a Consequence of Evolution? In: Perspectives in Ethology, hrsg. von P.G. Bateson und O.H. Klopfer, 3, S. 233–255, New York 1978.

81 Kummer, Hans: Analogs of Morality among Nonhuman Primates. In:

Morality as a Biological Phenomenon, hrsg. von Gunther S. Stent. Berlin 1978, S. 44f.

82 Vogel, Christian: Helping, Cooperation, and Altruism in Primate Societies. In: Experimental Behavioral Ecology, hrsg. von Bert Hölldobler und Martin Lindauer, Stuttgart 1985, vor allem S. 385f.

83 Goodall, Jane van Lawick: Wilde Schimpansen. Reinbek 1971, S. 203.

84 Mit diesen Fragen beschäftigen sich u.a. die unter den Anm. 59, 79 und 81 angeführten Arbeiten sowie: Goodall, Jane: Life and Death at Gombe. In: National Geographic 155, S. 592–621, 1979.

85 S. Anm. 79.

86 Singer, Peter: The Expanding Circle. Ethics and Sociobiology. Oxford 1981, S. 139.

87 S. Anm. 74, vor allem S. 68.

88 S. Anm. 22, S. 267.

89 Baier, Annette C.: Violent Demonstrations. Referat auf der Bowling Green State University Conference zum Thema „Gewalt, Terrorismus und Recht", 18.–20. November 1988. Die schriftliche Version wird voraussichtlich publiziert in R.G. Frey und Christopher W. Morris, Hrsg.: Violence, Terrorism, and Justice. Cambridge University Press.

90 S. Anm. 2, S. 80.

91 Lopreato, Joseph: Human Nature and Biocultural Evolution. Boston 1984, S. 143.

92 S. Anm. 3, S. 217.

93 S. Anm. 2, S. 105.

94 S. Anm. 6, S. 147.

95 S. Anm. 2, S. 98.

96 Chagnon, Napoleon, A.: Life Histories, Blood Revenge, and Warfare in a Tribal Population. In: Science 239, S. 985.

97 S. Anm. 1, S. 221.

98 McIlwraith, T.F.: The Bella Coola Indians. Toronto 1948, S. 147/148.

99 Lee, Richard B.: The !Kung San. 1979, S. 383.

100 S. Anm. 96, S. 986.

101 Wittenborg, Josefa: Die couragierten Frauen von Palermo. In: „Der Tagesspiegel", S. IV, Berlin, 13.11.1988.

102 S. Anm. 96, S. 986.

103 S. Anm. 1, S. 194.

104 Tinbergen, Nicolaas: On War and Peace in Animals and Man. In: Science 160, 1968, S. 1415.

105 S. Anm. 22, S. 275.

106 S. Anm. 22, S. 285.

107 Daten hierzu s. z.B. in: Eibl-Eibesfeldt, Irenäus: Die Biologie des menschlichen Verhaltens. Grundriß der Humanethologie. München 1984, S. 530, und Chagnon, Napoleon A.: Life Histories, Blood Revenge, and Warfare in a Tribal Population. In: Science 239, 1988, S. 985f.

108 Eibl-Eibesfeldt, Irenäus: Die Biologie des menschlichen Verhaltens. Grundriß der Humanethologie. München 1984, S. 536.

109 S. Anm. 22, S. 275.

110 S. Anm. 104, S. 1415.
111 Steininger, hier zitiert nach Konrad Lorenz: Das sogenannte Böse, Wien 1963, S. 227ff.
112 Rundfunk-Interview von Ingrid König mit Jane Goodall im Westdeutschen Rundfunk, 1986.
113 S. Anm. 13.
114 S. Anm. 13, S. 53.
115 S. Anm. 5.
116 S. Anm. 18.
117 Alexander, Richard D.: The Biology of Moral Systems. New York 1987, S. 258.
118 Ebd., S. 80, unter Hinweis auf Alexander, Richard D.: Darwinism and Human Affairs. Seattle 1979.
119 S. Anm. 96, S. 988.
120 S. Anm. 4, S. 38.
121 Ebd., S. 37.
122 S. Anm. 6 und Anm. 108.
123 Zitiert nach: Mohr, Hans: Natur und Moral. Darmstadt 1987, S. 98.
124 S. Anm. 86, S. 111.
125 S. Anm. 22, S. 277.
126 Bamm, Peter: Eines Menschen Zeit. München 1972, S. 41ff.
127 Barash, David: Das Flüstern in uns. Ursprung und Entwicklung menschlichen Verhaltens, Frankfurt/M. 1981, S. 179.
128 S. Anm. 89.
129 S. Anm. 89.
130 S. Anm. 108, S. 871.
131 Sommer, Volker: Das Töten von Artgenossen. In: Die Zehn Gebote, hrsg. von Heinrich Albertz, 6: Du sollst nicht töten, Stuttgart 1987, S. 94.
132 Sophokles: Antigone.

Schluß

1 Huxley, Thomas Henry: Evolution and Ethics. The Romanes Lecture 1893. Nachgedruckt in: Huxley, Thomas Henry und Huxley, Julian: Touchstone for Ethics, 1947, S. 82.
2 Kowalski, G.W.; Bischof, N.; Searle, J.R.; Maynard Smith, J.; Rheingold, H.L.; Turiel E.; Williams, B. und Wolff, P.H.: Psychology Group Report. In: Morality as a Biological Phenomenon, hrsg. von Gunther S. Stent, Berlin 1978, S. 262f.